ZEITSCHRIFT
für
Meteorologie

Herausgeber Prof. Dr. R. SÜRING
Direktor des Meteorologischen Zentralobservatoriums Potsdam

unter Mitwirkung von
Prof. Dr. G. Falckenberg-Warnemünde · Prof. Dr. W. König-Potsdam
und Prof. Dr. F. Schindelhauer-Potsdam

JAHRGANG 1 · HEFT 8/9 · MAI/JUNI 1947

DEUTSCHER ZENTRALVERLAG GMBH
BERLIN

Inhaltsverzeichnis

Zeitschrift für Meteorologie

Herausgegeben
von
R. Süring - Potsdam, Meteorologisches Zentralobservatorium
unter Mitwirkung von
Prof. Dr. G. Falckenberg - Warnemünde, Prof. Dr. W. König - Potsdam und
Prof. Dr. F. Schindelhauer - Potsdam

Heft 8/9 | **Potsdam** | **Mai/Juni 1947**

Die thermische und potentielle Energie atmosphärischer Aktionszentren

Von **Hans Ertel**, Berlin

1. Die Möglichkeit einer Berechnung der thermischen und potentiellen Energie der atmosphärischen Aktionszentren aus Luftdruckbeobachtungen am Erdboden.

Nach einer längeren, an die klassischen Arbeiten von M. Margules (1, 2, 3) anschließenden Pause, hat sich in den letzten zwei Dezennien das Interesse der Meteorologen erneut den energetischen Verhältnissen der Zyklonen und Antizyklonen zugewandt, wobei in mehreren Arbeiten unter Verwendung des inzwischen angewachsenen aerologischen Materials eine quantitative Bestimmung der einzelnen Energieanteile (thermische, potentielle, kinetische Energie) versucht wurde (4, 5, 6, 7).

Es soll nun hier gezeigt werden, daß zur Berechnung der thermischen (inneren) Energie und der potentiellen Energie der Atmosphäre über einem Zyklonen- bzw. Antizyklonengebiet an der Erdoberfläche Messungsergebnisse der meteorologischen Elemente aus der freien Atmosphäre über diesem Gebiet u. U. gar nicht erforderlich sind.

Zu diesem Ergebnis führen nämlich folgende Überlegungen: Die thermische Energie der als ideales Gas aufgefaßten Luft ist pro Masseneinheit durch den Ausdruck $c_v \cdot T$, worin c_v die (für ein ideales Gas konstante) spezifische Wärme bei konstantem Volumen bedeutet, bis auf eine für die Meteorologie irrelevante additive Konstante bestimmt; dann ist $\rho\, c_v \cdot T$ (mit ρ = Dichte) die thermische Energie pro Volumeneinheit, und

$$\overset{*}{E}_i = c_v \int_0^\infty \rho T \, dz \tag{1}$$

die gesamte thermische Energie einer vom Erdboden ($z = 0$) bis zur oberen Grenze ($z \to \infty$) der Atmosphäre reichenden vertikalen Luftsäule vom Querschnitt 1 cm². Wegen der Zustandsgleichung

$$p = R T \rho \tag{2}$$

der idealen Gase und $c_v / R = 1/(\varkappa - 1)$ mit $\varkappa = c_p/c_v = 1{,}4$ ist dann

$$\overset{*}{E}_i = \frac{1}{(\varkappa - 1)} \int_0^\infty p \, dz, \tag{3}$$

also berechenbar, wenn der Wert des Integrals

$$h = \int_0^\infty p \, dz \tag{4}$$

bekannt ist. Dieses Integral h tritt aber auch durch Integration der Horizontalkomponenten (x, y) der hydrodynamischen Bewegungsgleichungen mit den horizontalen Druckgradienten $\left(\frac{\partial}{\partial x}, \frac{\partial}{\partial y}\right) p$ von $z = 0$ bis $z \to \infty$ auf:

$$\int_0^\infty \left(\frac{\partial}{\partial x}, \frac{\partial}{\partial y}\right) p \, dz = \left(\frac{\partial}{\partial x}, \frac{\partial}{\partial y}\right) h, \tag{5}$$

verknüpft mit den Stromkomponenten

$$(S_x \,.\, S_y) = \int_0^\infty (\rho v_x \,.\, \rho v_y) \, dz \tag{6}$$

und deren lokalen zeitlichen Ableitungen $\frac{\partial}{\partial t}$ (S_x, S_y), sowie mit gewissen Trägheitsgliedern, die auf die quadratischen Geschwindigkeitsterme in den hydrodynamischen Bewegungsgleichungen zurückgehen. Da nun weiterhin die Kontinuitätsgleichung eine Beziehung zwischen den Stromkomponenten (S_x, S_y) und der lokalen zeitlichen Änderung des Luftdrucks p_0 am Erdboden ($z = 0$) herstellt, muß es möglich sein, eine Beziehung zwischen h und p_0 aufzustellen, die zunächst allerdings noch die Trägheitskräfte enthält.

Jedoch diese Trägheitskräfte (T_x, T_y) lassen sich stets in der Form einer Vektordivergenz

$$T_x = \frac{\partial S_{xx}}{\partial x} + \frac{\partial S_{xy}}{\partial y}, \quad T_y = \frac{\partial S_{yx}}{\partial x} + \frac{\partial S_{yy}}{\partial y} \tag{7}$$

eines (symmetrischen) Impulsstromtensors

$$\begin{pmatrix} S_{xx}, & S_{xy} \\ S_{yx}, & S_{yy} \end{pmatrix} = \int_0^\infty \begin{pmatrix} \rho v_x v_x, & \rho v_x v_y \\ \rho v_y v_x, & \rho v_y v_y \end{pmatrix} dz \tag{8}$$

darstellen, liefern also nach dem Integralsatz von Gauss durch Integration über die von der Zyklone bzw. Antizyklone am Erdboden eingenommenen Fläche F Linienintegrale über die Normalkomponente (n = äußere Normale) des Impulsstromtensors längs der die Fläche F begrenzenden Randkurve s:

9)

$$\iint \left(\frac{\partial S_{xx}}{\partial x} + \frac{\partial S_{xy}}{\partial y}\right) dF = \oint \left\{ S_{xx} \cos(n,x) + S_{xy} \cos(n,y) \right\} ds$$

$$\iint \left(\frac{\partial S_{yx}}{\partial x} + \frac{\partial S_{yy}}{\partial y}\right) dF = \oint \left\{ S_{yx} \cos(n,x) + S_{yy} \cos(n,y) \right\} ds$$

Nun konvergieren aber wegen der quadratischen Geschwindigkeitsabhängigkeit die Komponenten des Impulsstromtensors mit Annäherung an die Randkurve s (vom Innern von F her) schneller gegen Null als z. B. die entsprechenden Integrale der von den Geschwindigkeitskomponenten nur linear abhängenden Komponenten

$$+ 2\omega \sin\varphi \cdot S_y, \qquad - 2\omega \sin\varphi \cdot S_x$$

der Corioliskraft ($\omega = 7{,}29 \; 10^{-5}$ sec $^{-1}$, φ = geographische Breite) und sind also zu vernachlässigen, wenn man von den Größen h und p_0 zu den Größen

10) $$H = \iint h \, dF = \iint dF \int_0^\infty p \, dz$$

und

11) $$P_0 = \iint p_0 \, dF$$

übergeht, so daß eine Beziehung (in Form einer partiellen Differentialgleichung mit den unabhängigen Variablen x, y, t) zwischen H und P_0 resultieren muß:

12) $$\Phi(H, P_0) = 0.$$

Damit ist aber unsere Behauptung erwiesen, daß die thermische Energie der Atmosphäre über einem Zyklonen- bzw. Antizyklonengebiet:

13) $$E_i = \iint \overset{*}{E}_i \, dF = \frac{1}{(\varkappa - 1)} \iint dF \int_0^\infty p \, dz = \frac{H}{(\varkappa - 1)}$$

bereits aus Beobachtungen des Luftdrucks am Erdboden, also ohne Zuhilfenahme aerologischer Daten, berechenbar ist.

Dieses Resultat gilt in gleicher Weise für die potentielle Energie

14) $$E_p = \iint dF \int_0^\infty g z \rho \, dz,$$

da wegen der statischen Grundgleichung

15) $$dp = - g \rho \, dz$$

die Beziehung

$$\int_0^\infty g z \rho \, dz = - \int_{z=0}^{z=\infty} z \, dp = \int_0^\infty p \, dz$$

und damit die Gleichung

16) $$E_p = H$$

gilt.

Zwischen E_i und E_p besteht das konstante Verhältnis

17) $$E_i / E_p = 1 / (\varkappa - 1) = 2{,}5$$

wie bereits bekannt (8, 9, 10); sein konstanter Wert beruht auf den Annahmen, daß die Atmosphäre als ein ideales Gas in einem Schwerefeld mit höhenunabhängiger Schwerebeschleunigung g betrachtet werden kann, welche Annahmen für unsere energetischen Berechnungen hinreichend genaue Resultate liefern. Wenn wir uns bei diesen Energieberechnungen auf die atmosphärischen Aktionszentren beschränken, so liegt der Grund hierfür darin, daß dieselben, ohne stationär im hydrodynamischen Sinne zu sein, ortsgebunden sind, so daß also für die Randkurve s der Fläche F die oben erwähnte Vernachlässigung der Trägheitskräfte gegenüber der Corioliskraft zu allen Zeiten zulässig ist.

2. Durchführung der Theorie.

Für die folgenden Berechnungen bedienen wir uns eines orthogonalen kartesischen Rechtssystems (x, y, z), dessen x-y-Ebene als Horizontalebene die Erdoberfläche in einem Punkt der geographischen Breite φ tangiert, so daß die + z-Achse zum Zenit gerichtet ist. Die Kontinuitätsgleichung

18) $$\frac{\partial \rho}{\partial t} + \frac{\partial \rho v_x}{\partial x} + \frac{\partial \rho v_y}{\partial y} + \frac{\partial \rho v_z}{\partial z} = 0$$

liefert durch Integration über die Vertikalkoordinate von z = 0 (Erdoberfläche) bis $z \to \infty$ wegen der kinematischen Grenzbedingung ($v_z = 0$ für $z = 0$) und $\lim_{z \to \infty} \rho \to 0$ mittels der statischen Grundgleichung (15) die Beziehung

19) $$g^{-1} \frac{\partial p_0}{\partial t} + \frac{\partial S_x}{\partial x} + \frac{\partial S_y}{\partial y} = 0,$$

während die Impulsstromform der Horizontalkomponenten der hydrodynamischen Bewegungsgleichungen

20) $$\frac{\partial \rho v_x}{\partial t} + \frac{\partial \rho v_x v_x}{\partial x} + \frac{\partial \rho v_x v_y}{\partial y} + \frac{\partial \rho v_x v_z}{\partial z} - \lambda \rho v_y = - \frac{\partial p}{\partial x}$$

$$\frac{\partial \rho v_y}{\partial t} + \frac{\partial \rho v_y v_y}{\partial x} + \frac{\partial \rho v_y v_y}{\partial y} + \frac{\partial \rho v_y v_z}{\partial z} + \lambda \rho v_x = - \frac{\partial p}{\partial y}$$

($\lambda = 2\,\omega \sin\varphi$) sich durch die Integration von z = 0 bis $z \to \infty$ auf

21) $$\frac{\partial S_x}{\partial t} + T_x - \lambda S_y = - \frac{\partial h}{\partial x},$$

22) $$\frac{\partial S_y}{\partial t} + T_y + \lambda S_y = - \frac{\partial h}{\partial y},$$

reduziert, welche Gleichungen mit den Vektoren

23) $$\mathfrak{S} = (S_x, S_y, 0),$$

24) $$\mathfrak{T} = (T_x, T_y, 0),$$

25) $$\mathfrak{f} = (0, 0, \lambda),$$

26) $$\operatorname{grad} h = \left(\frac{\partial}{\partial x}, \frac{\partial}{\partial y}, 0\right) h$$

zu der Vektorgleichung

27) $$\frac{\partial \mathfrak{S}}{\partial t} + \mathfrak{T} + [\mathfrak{f}, \mathfrak{S}] = - \operatorname{grad} h$$

vereinigt werden können. Diese Vektorgleichung (27) enthält keine Vernachlässigung der Vertikalgeschwindigkeit v_z; dieselbe ist vielmehr durch die Integration über die Vertikalkoordinate auf Grund der kinematischen Grenzbedingung eliminiert worden.

Wir bilden nun von der Vektorgleichung (27) die Linienintegrale über die Normal- (n-) und Tangential- (s-) Komponente längs einer geschlossenen, zeitunabhängigen Kurve s in der Horizontalebene:

28) $$\frac{\partial}{\partial t} \oint S_n \, ds + \oint T_n \, ds + \oint [\mathfrak{f}, \mathfrak{S}]_n \, ds = - \oint \frac{\partial h}{\partial n} \, ds,$$

29) $$\frac{\partial}{\partial t} \oint S_s \, ds + \oint T_s \, ds + \oint [\mathfrak{f}, \mathfrak{S}]_s \, ds = - \oint \frac{\partial h}{\partial s} \, ds = 0,$$

wobei die geschlossene Kurve s folgendermaßen gegeben sein soll: Das Zyklonen- bzw. Antizyklonengebiet sei einschließbar in eine regelmäßige geometrische Figur (z. B. Kreis, Ellipse, Rechteck, Rhombus, Rhomboid) vom Flächeninhalt F mit dem geometrischen Mittelpunkt x = 0, y = 0. Verschieben wir jetzt F durch eine Translation derart, daß der Mittelpunkt die Koordinaten x, y erhält, so liegt die Randkurve s von F noch immer am Rande des Zyklonen- bzw. Antizyklonengebietes, also dort, wo die Trägheitskräfte (T_x, T_y) gegenüber der Corioliskraft vernachlässigt werden können, solange die Koordinaten x, y kleine Werte behalten. Solange also die Kurve s „in der Nähe“ der Zyklonen- bzw. Antizyklonengrenze verläuft, reduzieren sich die Gleichungen (28), (29) auf:

$$30)\qquad \frac{\delta}{\delta t}\oint S_n\, ds + \oint [f, \mathfrak{S}]_n\, ds = -\oint \frac{\delta h}{\delta n}\, ds,$$

$$31)\qquad \frac{\delta}{\delta t}\oint S_s\, ds + \oint [f, \mathfrak{S}]_s\, ds = 0 .$$

Führen wir die Symbole

$$32)\qquad \operatorname{div}\mathfrak{B} = \frac{\delta V_x}{\delta x} + \frac{\delta V_y}{\delta y};$$

$$33)\qquad \operatorname{rot}\mathfrak{B} = \frac{\delta V_y}{\delta x} - \frac{\delta V_x}{\delta y}$$

für die zweidimensionale Divergenz und Rotation eines Vektors $\mathfrak{B} = (V_x, V_y)$ ein, ferner den zweidimensionalen L a p l a c e-Operator

$$34)\qquad \Delta = \frac{\delta^2}{\delta x^2} + \frac{\delta^2}{\delta y^2}$$

so liefert die Anwendung des Integralsatzes von G a u s s auf (30) und des S t o k e schen Integralsatzes auf (31) zunächst die folgenden Gleichungen:

$$35)\qquad \frac{\delta}{\delta t}\iint \operatorname{div}\mathfrak{S}\cdot dF + \iint \operatorname{div}[f, \mathfrak{S}]\cdot dF = -\iint \Delta h\, dF,$$

$$36)\qquad \frac{\delta}{\delta t}\iint \operatorname{rot}\mathfrak{S}\cdot dF + \iint \operatorname{rot}[f, \mathfrak{S}]\cdot dF = 0 .$$

Mittels der vektoranalytischen Formeln

$$\operatorname{div}[\mathfrak{a}, \mathfrak{b}] = \mathfrak{b}\operatorname{rot}\mathfrak{a} - \mathfrak{a}\operatorname{rot}\mathfrak{b},$$

$$\operatorname{rot}[\mathfrak{a}, \mathfrak{b}] = \mathfrak{a}\operatorname{div}\mathfrak{b} - \mathfrak{b}\operatorname{div}\mathfrak{a} + (\mathfrak{b}\operatorname{grad})\mathfrak{a} - (\mathfrak{a}\operatorname{grad})\mathfrak{b}$$

findet man in unserem Fall:

$$37)\qquad \operatorname{div}[f, \mathfrak{S}] = -2\omega\sin\varphi\cdot\operatorname{rot}\mathfrak{S},$$

$$38)\qquad \operatorname{rot}[f, \mathfrak{S}] = +2\omega\sin\varphi\cdot\operatorname{div}\mathfrak{S},$$

ferner mit Rücksicht auf Gleichung (10):

$$39)\qquad \iint \Delta h\, dF = \Delta H,$$

worin H = H (x, y, t) als eine Funktion der Koordinaten (x, y) des geometrischen Mittelpunktes von F zu betrachten ist, die bei fixem Mittelpunkt noch eine Funktion der Zeit sein kann. Die Gleichungen (35), (36) liefern also jetzt:

$$40)\qquad \frac{\delta}{\delta t}\iint \operatorname{div}\mathfrak{S}\cdot dF - 2\omega\sin\varphi\iint \operatorname{rot}\mathfrak{S}\cdot dF = -\Delta H,$$

$$41)\qquad \frac{\delta}{\delta t}\iint \operatorname{rot}\mathfrak{S}\cdot dF + 2\omega\sin\varphi\iint \operatorname{div}\mathfrak{S}\cdot dF = 0 .$$

Partielle Differentiation der ersten Gleichung (40) nach der Zeit t gestattet die Elimination von $\iint \operatorname{rot}\mathfrak{S}\cdot dF$ mittels (41):

$$42)\qquad \left(\lambda^2 + \frac{\delta^2}{\delta t^2}\right)\iint \operatorname{div}\mathfrak{S}\, dF = -\frac{\delta}{\delta t}\Delta H,$$

und schließlich führt die Elimination von $\iint \operatorname{div}\mathfrak{S}\cdot dF$ mittels der Kontinuitätsgleichung (19) auf die Differentialgleichung

$$43)\qquad \boxed{\left(\lambda^2 + \frac{\delta^2}{\delta t^2}\right)\frac{\delta P_0}{\delta t} = g\frac{\delta}{\delta t}\Delta H,}$$

welche die gesamte thermische Energie $E_i = H/(\varkappa - 1)$ bzw. die gesamte potentielle Energie $E_p = H$ der Atmosphäre über einem Zyklonen- bzw. Antizyklonengebiet an der Erdoberfläche aus den Bodenwerten des Luftdrucks p_0 (bzw. $P_0 = \iint p_0\, dF$) zu berechnen gestattet, indem man die Lösung H der Differentialgleichung (43) für den Punkt x = 0, y = 0 ermittelt:

$$44)\qquad E_i = H(0, 0, t)/(\varkappa - 1),\ E_p = H(0, 0, t),$$

da dann die Fläche F sich gerade mit dem Gebiet einer Zyklone bzw. Antizyklone deckt.

3. Anwendung der Theorie auf atmosphärische Aktionszentren.

Bei der Anwendung der Differentialgleichung (43) auf die quasipermanenten Depressionen und Antizyklonen (Aktionszentren) kann $\frac{\delta^2}{\delta t^2}$ gegenüber λ^2 auf der linken Seite von Gleichung (43) unbedenklich vernachlässigt werden, da wegen der kleinen Frequenz ν der zeitlichen Schwankungen der quasipermanenten Aktionszentren

$$45)\qquad \left(\lambda^2 + \frac{\delta^2}{\delta t^2}\right) \rightarrow (\lambda^2 - \nu^2) \approx \lambda^2,$$

so daß die zeitlichen Änderungen

$$46)\qquad H - \mathring{H} = \int_0^t \frac{\delta H}{\delta t}\cdot dt,\ P_0 - \mathring{P}_0 = \int_0^t \frac{\delta P_0}{\delta t}\cdot dt$$

gegenüber einem Ausgangszustand ($\mathring{H}$, $\mathring{P}_0$) durch die vereinfachte Differentialgleichung

$$47)\qquad \boxed{\Delta(H - \mathring{H}) = \frac{\lambda^2}{g}(P_0 - \mathring{P}_0)}$$

miteinander verknüpft sind. In Anlehnung an das bekannte frontogenetische Horizontalschema des barischen Feldes von T. B e r g e r o n (11), (12) nehmen wir eine kreuzweise, sich räumlich periodisch wiederholende Anordnung der quasipermanenten Aktionszentren an, die sich durch eine zweidimensionale F o u r i e r-Reihe (13), (14)

$$48)\qquad \begin{aligned} p_0 - \mathring{p}_0 = \sum_0^\infty\sum_0^\infty \Big\{ & A_{mn}\cos\left(\frac{m\pi}{a}x\right)\cos\left(\frac{n\pi}{b}y\right) \\ & + B_{mn}\sin\ldots \quad \cos\ldots \\ & + C_{mn}\cos\ldots \quad \sin\ldots \\ & + D_{mn}\sin\ldots \quad \sin\ldots\Big\} \end{aligned}$$

darstellen läßt mit $A_{00} = 0$, $A_{m0} = A_{0n} = B_{m0} = C_{0n} = 0$ (m, n = 1, 2, 3 ...) indem die orthogonalen Geraden

$$49)\qquad x = \pm a(2k+1)/2,\quad y = \pm b(2k+1)/2$$

(k = 0, 1, 2, 3 ...) als Knotenlinien ($p_0 - \mathring{p}_0 = 0$) gewählt wurden. Liegt also z. B. eine Antizyklone ($p_0 - \mathring{p}_0 > 0$) in dem Rechteck $-a/2 \leqq x \leqq +a/2$, $-b/2 \leqq y \leqq +b/2$, so liegt im Rechteck $+a/2 \leqq x \leqq +3a/2$, $-b/2 \leqq y \leqq +b/2$ eine Zyklone usw. Die Terme $B_{mn}\sin\ldots\cos\ldots$, $C_{mn}\cos\ldots$

sin... und D_{mn} sin... sin... brauchen im folgenden nicht mehr hingeschrieben zu werden, da sie für $x = 0$, $y = 0$ verschwinden und diese Eigenschaft durch die nachfolgenden Rechenoperationen nicht abgeändert wird. Wir schreiben also an Stelle von (48) einfach (die A_{mn} sind Zeitfunktionen $A_{mn} = A_{mn}(t)$):

$$50)\quad p_o - \overset{*}{p}_o = \sum_1^\infty \sum_1^\infty A_{mn} \cos\left(\frac{m\pi}{a} x\right) \cos\left(\frac{n\pi}{b} y\right) + \ldots,$$

worin die A_{mn} bestimmt sind durch

$$51)\quad A_{mn} = \frac{1}{ab} \int_{-a}^{+a}\int_{-b}^{+b} (p_o - \overset{*}{p}_o) \cos\left(\frac{m\pi}{a} x\right) \cos\left(\frac{n\pi}{b} y\right) dx\, dy,$$

und bilden aus (50):

$$52)\quad P_o - \overset{*}{P}_o = \int_{x-a/2}^{x+a/2} \int_{y-a/2}^{y+a/2} (p_o - \overset{*}{p}_o)\, dx\, dy.$$

Es resultiert

$$53)\quad P_o - \overset{*}{P}_o = \frac{4ab}{\pi^2} \sum_1^\infty \sum_1^\infty \left\{ A_{mn} \frac{\sin\left(m\frac{\pi}{2}\right)\sin\left(n\frac{\pi}{2}\right)}{m \cdot n} \right\} \cdot \cos\left(\frac{m\pi}{a} x\right) \cos\left(\frac{n\pi}{b} y\right) + \ldots,$$

und gehen wir mit diesem Ausdruck (53) in die Differentialgleichung (47) ein, so ergibt sich für $H - \overset{*}{H}$ die Lösung:

$$54)\quad H - \overset{*}{H} = -\frac{4ab\lambda^2}{\pi^4 g} \sum_1^\infty \sum_1^\infty \left\{ \frac{A_{mn} \sin\left(m\frac{\pi}{2}\right) \sin\left(n\frac{\pi}{2}\right)}{m \cdot n \left(\frac{m^2}{a^2} + \frac{n^2}{b^2}\right)} \right\} \cdot \cos\left(\frac{m\pi}{a} x\right) \cos\left(\frac{n\pi}{b} y\right) + \ldots,$$

die für $x = 0$, $y = 0$ die thermische Energieänderung

$$55)\quad E_i - \overset{*}{E}_i = -\frac{4ab}{\pi^4} \frac{\lambda^2}{g(\varkappa - 1)} \sum_1^\infty \sum_1^\infty \psi_{mn}$$

mit

$$56)\quad \psi_{mn} = \frac{A_{mn} \sin\left(m\frac{\pi}{2}\right) \sin\left(n\frac{\pi}{2}\right)}{m \cdot n \left(\frac{m^2}{a^2} + \frac{n^2}{b^2}\right)}$$

($m, n = 1, 2, 3\ldots$) der Atmosphäre über dem Rechteck $-a/2 \leqq x \leqq +a/2$, $-b/2 \leqq y \leqq +b/2$ ergibt, berechenbar aus den Entwicklungskoeffizienten (51) der Luftdruckänderung am Erdboden (50) im Rechteck $-a \leqq x \leqq +a$, $-b \leqq y \leqq +b$. Liegt also z. B. im ersten Rechteck eine Antizyklone, so enthalten die Entwicklungskoeffizienten (51) und damit die durch (56) bestimmten Energie-Koffizienten ψ_{mn} auch den der Integration (51) entsprechenden Anteil der Druckverteilung der Umgebung (im Rechteck $-a \leqq x \leqq +a$, $-b \leqq y \leqq +b$); aber in dem Fall, daß die Druckänderung $p_0 - \overset{*}{p}_0 = \delta p$ den Symmetriebedingungen

$$57)\quad \delta p(-x, y) = \delta p(x, y), \qquad \delta p(x, -y) = -\delta p(x, y),$$

$$58)\quad \delta p(x-a, y) = -\delta p(x, y), \; \delta p(x, y-b) = -\delta p(x, y)$$

genügt, lassen sich die Fourier-Koeffizienten A_{mn} und damit die Energiekoeffizienten ψ_{mn} aus dem $(p_0 - \overset{*}{p}_0)$-Feld im Rechteck $-a/2 \leqq x \leqq +a/2$, $\leqq y \leqq +b/2$ berechnen:

$$59)\quad A_{mn} = \frac{4}{ab} \int_{-a/2}^{+a/2} \int_{-b/2}^{+b/2} (p_0 - \overset{*}{p}_0) \cos\left(\frac{m\pi}{a} x\right) \cos\left(\frac{n\pi}{b} y\right) dx\, dy.$$

In Analogie zur Gleichung (55) stellt sich die Änderung der potentiellen Energie dann in der Form

$$60)\quad E_p - \overset{*}{E}_p = -\frac{4ab}{\pi^4} \frac{\lambda^2}{g} \sum_1^\infty \sum_1^\infty \psi_{mn}$$

dar, und die Änderung der thermischen und potentiellen Energie zusammen, d. h. $E - \overset{*}{E} = (E_i - \overset{*}{E}_i) + (E_p - \overset{*}{E}_p)$, ist also durch

$$61)\quad E - \overset{*}{E} = -\frac{4ab}{\pi^4} \frac{\lambda^2 \varkappa}{g(\varkappa - 1)} \sum_1^\infty \sum_1^\infty \psi_{mn}$$

mit $\varkappa / (\varkappa - 1) = 3{,}5$ gegeben.

Sind die quasipermanenten Druckgebilde in Quadrate mit den Seitenlängen a einschließbar, so wird

$$62)\quad \psi_{mn} = a^2 \Phi_{mn} = a^2 \left\{ \frac{A_{mn} \sin\left(m\frac{\pi}{2}\right) \sin\left(n\frac{\pi}{2}\right)}{m \cdot n \cdot (m^2 + n^2)} \right\}$$

($m, n = 1, 2, 3\ldots$) und durch

$$63)\quad (H - \overset{*}{H}) / a^2 = -\frac{4a^2}{\pi^4} \frac{\lambda^2}{g} \sum_1^\infty \sum_1^\infty \Phi_{mn}$$

wird der räumliche Mittelwert der Energieänderungen bestimmt:

$$64)\quad (E_i - \overset{*}{E}_i) / a^2 = (H - \overset{*}{H}) / a^2 (\varkappa - 1),$$
$$(E_p - \overset{*}{E}_p) / a^2 = (H - \overset{*}{H}) / a^2.$$

Ein quadratisch-zelluläres Druckfeld von der Form

$$65)\quad p_0 - \overset{*}{p}_0 = \delta p_0 \cos^3\left(\frac{\pi}{a} x\right) \cos^3\left(\frac{\pi}{a} y\right)$$

mit der Fourier-Entwicklung

$$66)\quad p_0 - \overset{*}{p}_0 = A_{11} \cos\left(\frac{\pi}{a} x\right) \cos\left(\frac{\pi}{a} y\right) + A_{13} \cos\left(\frac{\pi}{a} x\right) \cos\left(3\frac{\pi}{a} y\right) + A_{31} \cos\left(3\frac{\pi}{a} x\right) \cos\left(\frac{\pi}{a} y\right) + A_{33} \cos\left(3\frac{\pi}{a} x\right) \cos\left(3\frac{\pi}{a} y\right),$$

also mit den Entwicklungskoeffizienten

$$67)\quad A_{11} = \delta p_0 \cdot 9/16,\; A_{13} = A_{31} = \delta p_0 \cdot 3/16,\; A_{33} = \delta p_0 \cdot 1/16$$

(alle anderen $A_{mn} = 0$) liefert nach Gleichung (62) die folgenden Energiekoeffizienten

$$68)\quad \Phi_{11} = +\delta p_0\, 0{,}28\,125,\; \Phi_{13} = -\delta p_0\, 0{,}00\,625 = \Phi_{31},\; \Phi_{33} = +\delta p_0\, 0{,}00\,039,$$

(δp_0 ist die maximale Druckänderung $p_0(0, 0, t) - p_0(0, 0, 0)$ im Mittelpunkt $x = 0$, $y = 0$ des Quadrats $-a/2 \leqq x \leqq +a/2$, $-a/2 \leqq y \leqq +a/2$), die also mit wechsender Indexzahl sehr rasch abnehmen. Der

Mittelwert der Änderung der potentiellen Energie wird dann nach (63), (64):

$$69)\qquad (E_p - \overset{*}{E}_p) / a^2 = -\frac{4\,a^2}{\pi^4}\,\frac{\lambda^2}{g}\cdot\delta p_0\,0{,}27,$$

und entsprechend ergibt sich für den Mittelwert der Änderung der thermischen Energie:

$$70)\qquad (E_i - \overset{*}{E}_i) / a^2 = -\frac{4\,a^2}{\pi^4}\,\frac{\lambda^2}{g}\cdot\delta p_0\,0{,}67,$$

insgesamt also:

$$71)\qquad (E - \overset{*}{E}) / a^2 = -\frac{4\,a^2}{\pi^4}\,\frac{\lambda^2}{g}\cdot\delta p_0\,0{,}94.$$

Als numerisches Beispiel behandeln wir die winterliche asiatische Antizyklone mit $\delta p_0 = +28$ mb, $a = 5000$ km, $\lambda = 10^{-4}$ sec.$^{-1}$; es ergeben sich die folgenden Energieänderungen gegenüber der Ausgangslage (Jahresmittel) pro cm²:

$$72)\qquad (E_i - \overset{*}{E}_i) / a^2 = -193 \text{ Watt sec/cm}^2,$$

$$73)\qquad (E_p - \overset{*}{E}_p) / a^2 = -77 \text{ Watt sec/cm}^2,$$

$$74)\qquad (E - \overset{*}{E}) / a^2 = -270 \text{ Watt sec/cm}^2,$$

die größenordnungsmäßig durchaus den nach anderen Methoden ermittelten Energieänderungen atmosphärischer Druckgebilde entsprechen. Die Zahlenfaktoren in den Gleichungen (69), (70), (71) sind natürlich wesentlich abhängig vom $(p_0 - \overset{*}{p}_0)$-Feld gemäß (51) bzw. (59) abhängig; ein quadratisch-zelluläres Feld

$$75)\qquad p_0 - \overset{*}{p}_0 = \delta p_0 \cdot \cos\left(\frac{\pi}{a}\,x\right)\cos\left(\frac{\pi}{a}\,y\right)$$

an Stelle von (65) würde die Zahlenfaktoren der Gleichungen (69), (70), (71) z. B. in 0,50, 1,25 und 1,75 abändern. **Das negative Vorzeichen in den Gleichungen (69), (70), (71) besagt, daß die gesamte Atmosphäre über einem sich aufbauenden antizyklonalen Aktionszentrum ($\delta p_0 > 0$) thermische und potentielle Energie verliert, wobei natürlich in den troposphärischen und stratosphärischen Schichten gegenläufige Prozesse vor sich gehen können; nur der Differenzeffekt tritt in unseren Gleichungen in Erscheinung, aber dieser kann dafür ohne Bezugnahme auf aerologische Daten ermittelt werden. Ein sich aufbauendes zyklonales Aktionszentrum ($\delta p_0 < 0$) muß (in der Differenz) thermische und potentielle Energie aufnehmen.**

Zusammenfassung: Es wird bewiesen, daß die thermische (innere) Energie der als ideales Gas betrachteten Atmosphäre über den Aktionszentren bereits aus Beobachtungen des Luftdrucks am Erdboden, also ohne Zuhilfenahme aerologischer Daten, berechenbar ist. Gleiches gilt für die potentielle Energie. Dieses Resultat erklärt sich dadurch, daß die räumliche Änderung des für die Berechnung dieser Energieformen erforderlichen Höhenintegrals des Luftdrucks mittels des Systems der hydrodynamischen Gleichungen durch das Luftdruckfeld am Erdboden ausgedrückt werden kann.

(1) *M. Margules*, Denkschriften Akad. Wiss. Wien, B. 73, 1901.

(2) *M. Margules*, Jahrb. Zentralanst. f. Met. u. Geodynamik Wien, 1903.

(3) *M. Margules*, Meteorolog. Zeitschr. 1906, S. 481.

(4) *R. Schröder*, Veröffentl. Geophysikal. Inst. Leipzig, 2. Ser. Bd. IV, Heft 2, Leipzig 1929.

(5) *Y. Horiguti*, Geophys. Mag. Tokyo, Vol. VI, 1932, S. 39.

(6) *H. Ertel*, Methoden u. Probleme d. dynam. Meteorologie, Berlin 1938, S. 44—54.

(7) *H. Wagemann*, Veröff. Marineobs. Wilhelmshaven, Neue Folge, Heft 2 (1935).

(8) *F. M. Exner*, Dynamische Meteorologie, 2. Aufl. Wien 1925, S. 159.

(9) *R. Emden*, Gaskugeln, Leipzig 1907, S. 376.

(10) *R. Emden*, Thermodynamik der Himmelskörper, Leipzig u. Berlin 1926, S. 399.

(11) *T. Bergeron*, Meteorolog. Zeitschr. 1930, S. 246.

(12) *S. P. Chromow*, Einführung in die synoptische Wetteranalyse. Wien 1940, S. 183.

(13) *E. Madelung*, Die mathematischen Hilfsmittel des Physikers. Berlin 1925, 2. Aufl., S. 31.

(14) *B. Riemann*, Partielle Differentialgleichungen. Braunschweig 1938, S. 252.

Anschrift des Verfassers: Institut für Meteorologie und Geophysik der Universität Berlin, Berlin-Dahlem, Kiebitzweg 20.

Energiebilanz als Bestandteil der Wettervorhersage

Von L. Egersdörfer †

Zusammenfassung:

Einleitend wird die mathematische Form einer Wettervorhersage besprochen.

Der erste Teil erörtert die hydrothermodynamische Grundgleichung von H. Ertel als Bilanzgleichung der Energiedichte.

Anschließend erfolgt eine Abschätzung der Größenordnung der links stehenden Gleichungsglieder, und zwar der kinetischen, der schwerepotentiellen und der inneren Energiedichte.

Der dritte Teil schätzt die rechts stehenden Glieder ab, die Leistungsdichte der Oberflächenarbeit, die Divergenz des turbulenten Wärmestromes und die Energiedichte der aufgenommenen, bzw. abgegebenen langwelligen Strahlung und der Kondensations- bzw. Verdampfungs-Wärme. Das Ergebnis dieser Abschätzung ist, daß die Atmosphäre so wirtschaftet, daß sie in 10 Stunden pro Masseneinheit 1 bis 2 ‰ des vorhandenen Energievorrates umsetzt.

Abschließend werden die Typen der Vorhersagegleichungen zusammengestellt und die Messungen der meteorologischen Elemente, die in Energiemaß ausgedrückt werden müssen, kritisch beurteilt.

Einleitung.

Die mathematische Form einer Wettervorhersage.

Jede Vorhersage beruht auf einer zeitlichen Verknüpfung von Zuständen. Eine Vorhersagegleichung in einfachster Form hat die Gestalt

$$\text{I)}\qquad \frac{dU}{dt} = B$$

mit der Anfangsbedingung $U = U_0$ zur Zeit $t = t_0$; darin ist U die vorherzusagende Größe, B eine bekannte Zustandsgröße. Sei z. B. U die Temperatur T,

B die Temperaturänderung mit der Zeit, also etwa $B = 2^\circ$ C pro Stunde und dt ein Zeitraum von drei Stunden, so wird

$$dU = U - U_0 \text{ und } B \cdot dt = \frac{2^0 C \cdot 3h}{h} = 6^0 C$$

und wenn U_0 um 8^h morgens 12° C ist, so wird die Temperatur um 11^h $12 + 6 = 18^\circ$ C betragen.

Die bekannteste Vorhersagegleichung vom Typus I) ist die Eulersche Bewegungsgleichung*), bezogen auf die Masseneinheit:

$$\text{II)} \qquad \frac{d\bar{v}}{dt} = 2\,[\bar{v}\,\bar{w}] - \text{grad}\,\varnothing - 1/\rho\,\text{grad}\,p$$

worin v die Geschwindigkeit, $2\,[\bar{v}\,.\,\bar{w}]$ die ablenkende Kraft der Erdrotation, Ø Schwerepotential, p Druck, ρ Dichte bedeuten. Rechts stehen also lauter Zustandgrößen, die aus aerologischen Aufstiegen zu entnehmen sind, nämlich $^1/\rho$ grad p ∼ − grad h, also letztlich h als absolute Topographie den Flugzeugaufstiegen, v und damit $2\,[\bar{v}\,.\,w]$ den Pilotwindmessungen, während grad Ø = g als Schwerebeschleunigung bekannt ist.

In der Praxis verzichtet man bekanntlich auf die Deutung der Bewegungsgleichung II) als Vorhersagegleichung, indem man wegen der angeblichen Kleinheit von $\frac{d\bar{v}}{dt}$ diese Größe grundsätzlich Null setzt, und die rechte Seite von II nur dazu benutzt, Höhenwinde und Isohypsen bestimmter Druckflächen aufeinander abzustimmen. Die Größenordnung der Beschleunigung $\frac{dv}{dt}$ ergibt sich zu 1 bis 10 km h^{-2}; d. h. zu Windänderungen von 1 bis 10 km/h pro Stunde, wie sie an jedem Windmeßgerät bequem ablesbar sind. Wenn etwa um 8^h eine mittlere Windgeschwindigkeit von 40 km/h, eine Stunde später eine solche von 43 km/h (bei gleichbleibender Windrichtung) abgelesen wird, so ist die (mittlere) Beschleunigung $\frac{43 - 40}{1\,h}$ km/h = 3 km h^{-2}. Daraus ergibt sich die Zweckmäßigkeit, das Laboratoriumssystem g, cm, sec für die Meteorologie soweit wie möglich durch die größeren Einheiten kg oder 1 to = 1000 kg, km und Stunden (h) zu ersetzen. Es ist dann allerdings z. B. notwendig, die Erdbeschleunigung als

$$g = \frac{9{,}81\ \frac{m}{sec^2} = 9{,}81 \cdot 10^{-3}\,km \cdot (3{,}6 \cdot 10^3)^2}{(3{,}6 \cdot 10^3)^2\ sec^2}$$

$$= 9{,}81 \cdot 12{,}96 \cdot 10^{-3+6}\,km\ h^{-2} = 1{,}27 \cdot 10^5\,km\ h^{-2}$$

zu definieren. Man ersieht daraus sofort das Größenverhältnis der üblichen Windbeschleunigungen zur Erdbeschleunigung, als 10^{-4} bis 10^{-5}. Eine Angabe der Beschleunigung zu 0,981 mm sec^{-2} bleibt nach Obigem gänzlich unanschaulich für die freie Atmosphäre. Umgerechnet auf 12,7 km h^{-2} zeigt sie eine beträchtliche Windgeschwindigkeitsänderung pro Stunde an.

1. Die hydrothermische Grundgleichung von H. Ertel als Bilanzgleichung der Energiedichte.

Mit einer sehr aufschlußreichen Vorhersagegleichung hat sich Ertel in dem Aufsatz: Die hydrothermodynamischen Grundgleichungen turbulenter Luftströmungen (Met. Ztschr. Sept. 1943, Heft 9, S. 289 ff.) beschäftigt. Er stellt dort folgende Beziehung auf (61):

$$\text{III)} \qquad \rho \cdot \frac{d}{dt}\left(\frac{v^2}{2} + \varnothing + c_v \cdot T + E\right) = \text{div}\,(-p\bar{E} + \bar{T})\,\bar{v} - \text{div}\,\bar{W} + Q$$

In leicht geänderter Schreibweise bedeuteten in dieser auf ein individuelles Raumelement bezogenen Gleichung: v die (absolute) Geschwindigkeit, Ø die potentielle Energie, c_v . T die innere (thermische) Energie, E die Turbulenzenergie, W = — λ grad T den turbulenten Wärmestrom und Q sonstige Wärmequellen, etwa Strahlung, Kondensationswärme oder Thermokonvektion). Mit $E = (e_{ik})$ als Einheitstensor, $T = (T_{ik})$ als Turbulenztensor, wird div (— pE ± T v) die von der gesamten Spannung an der Oberfläche der Volumeneinheit geleistete Arbeit. Ertel bezeichnet III) als hydro-thermo-dynamische Energiegleichung des turbulenten Strömungsfeldes.

Man erkennt sofort, daß III) eine Vorhersagegleichung ist, wenn man setzt

$$(1) \qquad {}^1/_2\,v^2 + \varnothing + c_v \cdot T + E = U$$

$$(2) \qquad \text{div}\,(-pE + T)\,v - \text{div}\,W + Q = B$$

und kurz

$$\text{IV)} \qquad \frac{d}{dt}\,U = \sigma \cdot B \qquad (\rho\sigma = 1)$$

schreibt. Nach dem eingangs aufgeführten Schema ist für eine Vorhersage von U in einem individuellen Raumelement notwendig

a) eine Berechnung von B,

b) eine Berechnung des Ausgangswertes U_0.

Für dt = 3 oder 6 oder mehr Stunden ergibt sich dann das neue U_1 zu

$$\text{V)} \qquad U_1 = U_0 + \sigma \cdot B \cdot dt.$$

Man hat dann nach V) nicht mehr und nicht weniger als eine Vorausbestimmung der im Raumelement wirkenden Gesamtenergie ρU geleistet, ist also von einer Wettervorhersage im üblichen Sinn noch weit entfernt. Es ist aber klar, daß die Bearbeitung von IV) und V) ein notwendiges, wenn auch nicht hinreichendes Teilstück einer Vorhersage ist.

2 a. Abschätzung der Größenordnung der links stehenden Gleichungsglieder.

Die folgenden Ausführungen sollen nur zur Abschätzung der Größenordnung der in IV) auftretenden Teilgrößen dienen und gelegentliche Hinweise auf ihre Bestimmbarkeit aus den Daten der aerologischen Aufstiege geben.

Für die folgenden Ausführungen wird wie üblich die Bezugnahme einer Größe auf die Masseneinheit (kg) mit dem Beiwort „spezifisch", die Bezugnahme auf die Raumeinheit (m^3) mit dem Nachwort —„dichte" bezeichnet.

Danach ist $\frac{v^2}{2}$ die spezifische kinetische Energie und ihre zeitliche Änderung:

$$\frac{d\,{}^1/_2\,v^2}{dt} = {}^1/_2 \cdot 2\,v \cdot \frac{dv}{dt} = v \cdot \frac{dv}{dt}\,.$$

*) H. Ertel in Linke: Met. Taschenbuch, Ausgabe V, S. 4, Formel (7).

Nimmt man für ein Raumelement der freien Atmosphäre von der Größe 100 km · 100 km · 0,1 km $= 10^3$ km³, dessen Grundfläche in der Karte von 1 : 10 Mill. als 1 cm² erscheint,

$$v = 50 \text{ km/h}$$

an, so möge sich seine mittlere Windgeschwindigkeit in drei Stunden auf 62 km/h gesteigert haben; d. h. es soll eine Höhenwindmessung in A um 8^h morgens in 2000 m 50 km/h und eine zweite Höhenwindmessung an einer, in etwa 150 km = 3 × 50 km Entfernung in der Windrichtung gelegenen Meßstelle B um 11^h 62 km/h in 2000 m ergeben haben. Die Beschleunigung ist dann (als Absolutbetrag gemessen):

$$\frac{dv}{dt} = \frac{62 - 50 \text{ km/h}}{3h} = 4 \text{ km} \,.\, h^{-2}$$

Es ergibt sich also als zeitliche Änderung der spezifischen kinetischen Energie

$$(1) \quad \frac{d\,{}^1\!/_2\, v^2}{dt} = v \,.\, \frac{dv}{dt} = 50 \text{ km} \cdot 4 \text{ kmh}^{-2} = 200 \text{ km}^2 h^{-3}$$

Möge sich ferner das Geopotential Ø unseres Raumelementes, genauer dessen Mittelpunktes in 24 Stunden um 80 gm stetig gesenkt haben, so ergibt sich für den Zeitraum von drei Stunden ein

$$(2) \quad \frac{d\varnothing}{dt} = -80 \text{ gm}: 24 \text{ h} = -10 \text{ gm} \cdot h^{-1}.$$

Es sei ferner mit $c_v = 0{,}171 \frac{\text{k cal}}{\text{kg grad}}$ eine zeitliche Abnahme der (mittleren) Temperatur des betrachteten Raumelementes von 0,8° C in 24 Stunden oder 0,1° C in drei Stunden gegeben, so ergibt:

$$(3) \quad c_v \cdot \frac{dT}{dt} = - \frac{0{,}171}{3h} \cdot \frac{0{,}1 \text{ kcal. grad}}{\text{kg . grad}} = -0{,}57 \cdot 10^{-2} \frac{\text{k cal}}{\text{kg . h}}$$

Faßt man zunächst die drei Energiearten zusammen, so erhält man wegen

$$(4) \quad 1 \text{ gm} = 129{,}6 \text{ km}^2 \text{ h}^{-2}$$

$$(5) \quad 1 \text{ kcal} \cdot \text{kg}^{-1} = 4186 \text{ Joule} \cdot \text{kg}^{-1} = 5{,}429 \cdot 10^4 \text{ km}^2 \text{ h}^{-2}$$

als zeitliche Änderung von kinetischer, potentieller und innerer Energie:

$$\frac{d\,(U - E)}{dt} = (200 - 3{,}33 \cdot 129{,}6 - 0{,}570,\ 5{,}429 \cdot 10^{4-2})$$

$$(6) \quad \text{km}^2 \text{ h}^{-3} = (200 - 435 - 310) \text{ km}^2 \text{ h}^{-3} = -545 \text{ km}^2 \text{ h}^{-3}.$$

Setzt man weiter

$$(7) \quad \rho = \frac{1{,}00 \text{ kg}}{m^3} = \frac{1{,}0 \cdot 10^9 \text{ kg}}{\text{km}^3}$$

so wird

$$\frac{\rho\, d\,(U - E)}{dt} = -5{,}45 \cdot 2{,}4 \cdot 10^{11-8} \text{ kWatt} \cdot \text{km}^{-3}$$

und da

$$(8) \quad 1 \text{ km}^2 \text{ h}^{-3} = 2{,}14 \cdot 10^{-8} \text{ kWatt kg}^{-1},$$

so erhält man:

$$(9) \quad \rho \frac{d\,(U - E)}{dt} = -5{,}45 \cdot 10^{11-8} \text{ kWatt} \cdot \text{km}^{-3} = -1{,}09 \,.\, 10^{1+3} \text{ kWatt} \cdot \text{km}^{-3} = - \frac{1{,}09 \cdot 10^7 \text{ kWatt.}}{1000 \text{ km}^3}$$

In dieser Arbeit wird (versuchsweise) 1 geodynamisches Meter = 10 m² sec⁻² mit 1 gm, 10 geodynamische Meter mit 1 gdm, 100 geodynamische Meter mit 1 g hm, 1000 geodynamische Meter mit 1 g km bezeichnet.

Nimmt man die Friedensleistung eines großen Kraftwerkes zu 500 000 k Watt an, so verhält sich die Leistung der Atmosphäre in einem Raumelement von 1000 km³, hervorgerufen durch die Änderung der zusammengefaßten kinetischen, potentiellen und inneren Energie binnen 3 Stunden, zu der des Kraftwerks wie $1{,}09 \cdot 10^7 : 5 \cdot 10^5$. Das atmosphärische Raumelement verbraucht die 22fache Leistung. Will man vergleichshalber diese Leistung auf 1 m³ beziehen, so erhält man eine Leistungsdichte von $1{,}09 \cdot 10^{7-12+3} = 1{,}09 \cdot 10^{-2}$ Watt m^{-3}; d. h. jeder m³ verbraucht etwa 1/100 Watt.

Um die Größe $\rho \frac{dE}{dt}$ abzuschätzen, kann man zunächst unmittelbar auf die Bedeutung der Turbulenzenergie nach Ertel zurückgehen.

Es ist dann

$$(10) \quad E = {}^1\!/_2 \left[(u_1 - v_1)^2 + (u_2 - v_2)^2 + (u_3 - v_3)^2 \right] = {}^1\!/_2 \left(\zeta_1^2 + \zeta_2^2 + \zeta_3^2 \right), \text{ wo}$$

$u_1 = u$ usw. die Extremwerte, $v_1 = v_x$ usw. die Mittelwerte der Windgeschwindigkeit, die ζ_i deren Differenzen sind, deren zeitlicher Mittelwert ζ_i verschwindet.

In der üblichen Windregistrierung werden die u_i, also aus den Spitzenwerten die v_i aus der Mittellinie des Windgeschwindigkeitsbandes abgeleitet. Nimmt man für die freie Atmosphäre bei 50 km/h Horizontalgeschwindigkeit und 5 m/h Vertikalgeschwindigkeit $\zeta_1 = \zeta_2 = \pm 10$ km/h und $\zeta_3 = \pm 1$ km/h, womit einer besonders hohen Vertikalböigkeit Rechnung getragen sein soll, so wird $E = {}^1\!/_2\, (10^2 + 10^2 + 1^2)\ \text{km}^2\text{h}^{-2} \sim 100\ \text{km}^2\text{h}^{-2}$. Wegen des quadratischen Auftretens spielt ζ_3 doch keine Rolle. Wachse etwa in 3 Stunden jedes ζ_1 auf den doppelten Wert, E also auf das Vierfache an, so wird die zeitliche Änderung der spezifischen Turbulenzenergie:

$$(11) \quad \frac{dE}{dt} = \frac{400 - 100}{3\,h} \text{ km}^2 \text{ h}^{-2} = 100 \text{ km}^2 \text{ h}^{-3}$$

und mittels (7) und (8)

die zeitliche Änderung der Turbulenzenergiedichte

$$(12) \quad \rho \frac{dE}{dt} = +1 \cdot 10^{11} \text{ kg} \cdot \text{km}^{2-3} \text{h}^{-3} = 10^{11} \cdot 2{,}1 \cdot 4 \cdot 10^{-8} \text{kwkm}^{-3} = 0{,}214 \,.\, 10^{+7} \text{ kWatt/1000 km}^3$$

d. h. die Leistungsdichte der Turbulenz würde sich etwa auf 20 % der übrigen Leistungsdichte stellen, so daß mit einem rohen Wert der Leistungsdichte der gesamten Energie:

$$(13) \quad \rho \frac{dU}{dt} = (-1{,}09 + 0{,}21)\ 10^{7-3} \text{kWatt/km}^3 = 1 \cdot 10^7 \text{ kWatt/1000 km}^3$$

gerechnet werden kann.

Ertel gibt in Formel (45) seiner Arbeit mit

$$(14) \quad \rho \frac{dE}{dt} = \mu \left[\left(\frac{\delta v_x}{\delta z}\right)^2 + \left(\frac{\delta v_y}{dz}\right)^2 \right] - \eta\, c_p \frac{\Gamma(\Gamma - \alpha)}{T}$$

eine zweite Möglichkeit der Abschätzung der Größe $\rho \frac{dE}{dt}$ in Form einer Vorhersagegleichung, bei der auf der rechten Seite wiederum lauter Zustandsgrößen stehen. Mit einem Austauschkoeffizienten

(15) $\eta = 100$ g/cm · sec $= 3{,}6 \cdot 10^7$ kg/km · h

(16) $\Gamma = -10$ grad/km, $\gamma = -6$ grad/km, $T = 280$ grad, $c_p = 0{,}24$ kcal/kg.grad $= 1.30 \,.\, 10^4$ km²/h².grad

ergibt sich für das zweite Glied in (14) mittels (8) der Wert $-0{,}669 \cdot 10^{11}$ kg km$^{2-3}$ h^{-3} $= -1{,}430 \cdot 10^6$ kWatt/1000 km³

Der Turbulenzkoeffizient μ hat die gleiche Dimension wie η. Nimmt man für eine Höhenänderung $\delta z = 1$ km eine Änderung der Westwindkomponente δv_x von ± 5 km/h und ebenso eine Änderung der Südkomponente von ± 5 km/h an, so wird

$$\left(\frac{\delta v x}{\delta z}\right)^2 + \left(\frac{\delta v y}{\delta z}\right)^2 = (5^2 + 5^2)\, h^{-2} = 50\, h^{-2};$$

mit der allerdings sehr hohen Annahme

$$\mu = 10^4 \text{ g/cmsec} = 3{,}6 \cdot 10^9 \text{ kg/km} \cdot \text{h}$$

ergibt das erste Glied in (17):

(17) $\mu \left[\ldots\right]^2 = 50 \,.\, 3{,}6 \,.\, 10^9 \text{ kg km}^{-1} \text{ h}^{-3}$

woraus durch Erweitern mit km² und Berücksichtigung von (8) sich ergibt

$$\mu \left[\ldots\right]^2 = 0.50 \,.\, 3{,}6 \,.\, 10^{9+2} \,.\, 2{,}14 \,.\, 10^{-8+3} \text{ kWatt/1000 km}^3 = 0{,}384 \,.\, 10^7 \text{ kWatt/1000 km}^3$$

und

(18) $$\rho \frac{dE}{dt} = (0{,}384 - 0{,}143) \,.\, 10^7 \text{ kWatt/1000 km}^3 = 0{,}241 \,.\, 10^7 \text{ kWatt/1000 km}^3$$

sich ergeben würde, das mit dem Zahlenwert aus (12) 0,214 verglichen, sehr gut übereinstimmt. Für die aerologische Praxis wird man wegen der in der freien Atmosphäre nicht meßbaren Größen ζi stets auf (14) zurückgreifen müssen, hat dabei allerdings noch μ und η durch Schätzung oder Messung mittels anderer Beziehungen zu bestimmen. Wahrscheinlich wird μ nur von der Größenordnung 10^2 oder 10^1 g/cm sec sein, ebenso der Faktor von μ um eine oder zwei Zehnerpotenzen kleiner werden, so daß das erste Glied in (14) gegenüber dem zweiten wegfällt. Da der Absolutwert von γ stets kleiner als derjenige von Γ ist, fällt dann in (14) $\rho \frac{dE}{dt}$ wesentlich negativ, $-\rho \frac{dE}{dt}$ also positiv aus.

$\frac{\rho\, d(U-E)}{dt}$ kann aber beliebiges Vorzeichen bekommen, so daß auch $\frac{dU}{dt}$, da es größenordnungsmäßig überwiegt, beliebiges Vorzeichen erhält.

Bleibt man bei den obigen Zahlen, so wird nach (9) und (18)

19) $$\rho \frac{Ud}{dt} = \rho \frac{d(U - E + E)}{dt} = (-1{,}09 + 0{,}24) \,.\, 10^7 \text{ kW/1000 km}^3 = -0{,}85 \,.\, 10^7 \text{ kWatt/1000 km}^3$$

2 b. Abschätzung der Größenordnung der rechts stehenden Gleichungsglieder.

Die rechte Seite der Bilanzgleichung der Leistungsdichten, wie III. jetzt auch bezeichnet werden kann, befaßt sich mit der Spannung an der Oberfläche des Raumelements.

Mit dem Turbulenzspannungstensor

$T_{ik} = T_{ki} = -\rho\, \overline{(\zeta_i + \zeta_k)}$ Formel (16) bei Ertel, wird, wenn man $T_{i1} + T_{i2} + T_{i3} = U_i$ setzt, wegen des Einheitstensors $e_{ik} = 1\ (i = k)$, $e_{ik} = 0\ (i = k)$, des Einheitstensors $e_{ik} = 1\ (i = k)$, $e_{ik} = 0\ (i k)$, die an der Oberfläche des Raumelementes geleistete Arbeit.

(20) $$\frac{\delta}{\delta x_1}\left[(-p + U_1) v_1\right] + \frac{\delta}{\delta x_2}\left[(-p + U_2) v_2\right] + \frac{\delta}{\delta x_3}\left[(-p + U_3) v_3\right]$$

(1 = x-Richtung usw.). Auf Grund der früheren Annahmen $\zeta_1 = \zeta_2 = 10$ km/h $\zeta_3 = \pm 1$ km/h, und der weiteren, daß in jeder der 60 Minuten einer Stunde diese Schwankungen einmal auftreten, wird das Quadrat der Einzelschwankung $\overline{(\zeta_1 \zeta_1)} = 100$ km² h^{-2} und der zeitliche Mittelwert $(\zeta_1 \zeta_1)$ davon: $60 \cdot 100 \cdot$ km² h^{-2} : $60 = 100$ km² h $\overline{(\zeta_1 \zeta_1)}$ und $\overline{(\zeta_2 \zeta_2)}$ von der gleichen Größenordnung, während $\overline{(\zeta_1 \zeta_3)}$ und $\overline{(\zeta_2 \zeta_3)}$ aus den gleichen Gründen von der Größenordnung 10 km² h^{-2} und $\overline{(\zeta_3 \zeta_2)}$ etwa gleich 1 km² h^{-2} wird. Man kommt also, wenn man glatter Rechnung halber, $\rho = 1{,}0$ kg m^{-3}

$$\overline{(\zeta_1\zeta_1)} + \overline{(\zeta_2\zeta_2)} + \overline{(\zeta_3\zeta_3)} \sim 260 \text{km}^2\, \text{h}^{-2} = 20 \text{ m}^2 \text{ sec}^{-2}$$

ansetzt, zu einem

$$U_1 = 1{,}0 \,.\, 20 \frac{\text{kg m}^2}{\text{m}^3 \text{ sec}^2} = 20 \text{ kg m}^{-1} \text{sec}^{-2} = 0{,}2 \text{ mb.}$$

und darf annehmen, daß U_2 und U_3 diese Größenordnung höchstens erreichen, aber nicht überschreiten. Dies bedeutet, daß die in der Troposphäre herrschenden Drucke p von der Größenordnung 10^3 bis 10^2 mb von der Turbulenz her nicht wesentlich modifiziert werden. Wird also in (20) Ui jedesmal vernachlässigt, so bleibt nur die Größenordnung von

(21) $$-\frac{\delta\, p v i}{\delta x i} = -\operatorname{div}(p.\overline{v}) = -p.\operatorname{div}\overline{v} - \overline{v} \operatorname{grad} p$$

zu beachten. Wird $\operatorname{div}\overline{v} = 10^{-3}$ h^{-1} angesetzt, (d. h. dehnt die Raumeinheit sich pro Stunde um 1/1000 ihres Volumens), so ist bei p ≐ 800 mb,

$$p \,.\, \operatorname{div}\overline{v} = 800 \,.\, 10^3 \text{ mb h}^{-1} = 0{,}8 \text{ mb h}^{-1}$$

Für (22) $v \operatorname{grad} p = v_1 \frac{\delta p}{\delta x_1} + v_2 \frac{\delta p}{\delta x_2} + v_3 \frac{\delta p}{\delta x_3}$ möge

$$v_1 = v_2 = 50 \text{ km/h} \quad v_3 = 0{,}01 \text{ km/h}; \frac{\delta p}{\delta x_1} = \frac{\delta p}{\delta x_2} = -\frac{2 \text{ mb}}{1000 \text{ km}}$$

$$\frac{\delta p}{\delta x_3} = \frac{\delta p}{\delta z} = -\varrho \,.\, g = -\frac{1{,}0 \text{ kg}}{\text{m}^3} \cdot \frac{10 \text{ m}}{\text{sec}^2} \cdot \frac{0{,}1 \text{ mb}}{1 \text{ m}} = \frac{100 \text{ mb}}{1 \text{ km}}$$

gesetzt werden, so ergibt sich für (22)

$$2 \,.\, \frac{50 \text{ km}}{\text{h}} \cdot \frac{2 \text{ mb}}{1000 \text{ km}} + 0{,}01 \frac{\text{km}}{\text{h}} \cdot \frac{100 \text{ mb}}{\text{km}} = (0{,}2 + 1.0) \text{ mb h}^{-1} = 1{,}2 \text{ mb h}^{-1}$$

Man ersieht aus dieser Abschätzung die Wichtigkeit einer genauen Kenntnis der Vertikalgeschwindigkeit. Die an der Oberfläche zu leistende Arbeit ist nach (21)

$$(-0{,}8 - 1{,}2) \text{ mb h}^{-1} = -2{,}0 \text{ mb h}^{-1}$$

Da 1 mb h^{-1} $= \frac{2 \cdot 8 \cdot 10^7 \text{ kWatt}}{1000 \text{ km}^3}$, wird die an der Oberfläche des Raumelements entstehende Leistung

$$-2{,}0 \,.\, 2{,}8 \,.\, 10^7 \text{ kWatt/1000 km}^3 = -5{,}6 \,.\, 10^7 \text{ kWatt/1000 km}$$

Sie ist also wieder von derselben Größenordnung. Der turbulente Wärmestrom $W = \lambda$ grad T ist nach Ertel (ebenda) derjenige Wärmestrom, der durch die Turbulenz in Richtung — grad T, d. h. im wesentlichen von unten nach oben getragen wird. Nimmt man nach Ertel λ von der Größenordnung ,1, d. h.

$\lambda = 1$ cal cm^{-1} sec^{-1} grad^{-1} = 419 kWatt km^{-1} grad^{-1}; und $-$grad T = 5 grad km^{-1}, so wird W von der Größenordnung

$$W = 5 \cdot 419 \text{ kWatt km}^{-2} = 2095 \text{ kWatt km}^{-2}$$

Nimmt man an, daß sich W auf 100 m Höhenunterschiede um 1‰ ändere, d. h. dort 2093 k W km^{-2} beträgt, so wird, wenn die Divergenz allein auf dem Glied $\delta W / \delta z$ beruht

$$(23) \quad -\operatorname{div} \overline{W} = -\frac{(2095 - 2093) \text{ kW} \quad - 20 \text{ kWat}}{\text{km}^2 \cdot 0{,}1 \text{ km } 0{,}1 \text{ km}^2}$$

$$-20 \text{ kWatt} \cdot \text{km}^3 = -0.02 \cdot 10^6 \text{ kWatt/1000 km}^3$$

Dieser Betrag erscheint gegenüber den bisherigen Beträgen sehr klein. Man kommt aber zu stellenweise größeren Beträgen auf folgende Weise. Es ist:

$$(23\text{a}) \quad -\operatorname{div} \overline{W} = \operatorname{div} (\lambda \operatorname{grad} T) = \lambda \cdot \operatorname{div} \operatorname{grad} T + (\operatorname{grad} T \operatorname{grad} \lambda)$$

Setzt man größenordnungsmäßig $\lambda = c_p \cdot \mu$ und wählt: $\mu = 1$ g/cm · sec = 3,6 · 10^6 kg/km · h, so wird

$$\lambda = c_p \cdot \mu = \frac{1005 \text{ Joule} \cdot 3 \cdot 6 \cdot 10^6 \text{ kg}}{\text{km} \cdot \text{h} \quad \text{kg} \cdot \text{grad}} = 3{,}6 \cdot 10^9 \text{ Joule}$$

km^{-1} h^{-1} grad^{-1}

und da 1 kWatt h = 3,6 · 10^6 Joule

$\lambda = 10^3$ kWatt · km^{-1} grad^{-1}

und damit doppelt so groß wie vorher. Sicher wird λ mit dem Turbulenzreibungskoeffizienten μ stetig bzw. unstetig. Läßt man zu, daß λ ungefähr konstant bleibt, d. h. daß grad λ sehr klein wird, wodurch in (23 a) das letzte Glied wegfällt, so kann man dafür bei grad T sprungweise Änderung annehmen; damit ändert sich auch W nur sprungweise. div W ist also nur dann von Null verschieden, wenn das zu betrachtende Raumelement in der Vertikalen gerade eine solche Sprungstelle einbegreift. Andernfalls bleibt das Glied div W unwirksam. Nimmt man in der obigen Abschätzung eine „Sprungstelle" mit einem δ W von 20 k W auf ,10 m Höhenunterschied an, so erhält div W den hundertfachen Betrag, d. h. 2 · 10^6 kWatt/1000 km^3 und damit die übliche Größenordnung.

An den Stellen, wo sich grad T nicht ändert, ist div W = 0. Man ersieht hieraus die Wichtigkeit der markanten Punkte, an denen sich der Temperaturgradient ändert.

Q enthält diejenigen Leistungsanteile, die im wandernden Raumelement selbst entstehen. Wir betrachten nur die beiden durch 1) langwellige Strahlung 2) Kondensation oder Verdunstung gegebenen Möglichkeiten.

Stellt man mit Hilfe des F. Möllerschen Strahlungsstrompapiers etwa fest, daß an der oberen Fläche des betrachteten Raumelementes (langwellige) Ein- und Ausstrahlung sich derart abgleichen, daß im Ganzen eine Ausstrahlung aus dem Flächenelement von etwa 100 Watt m^{-2} übrig bleibt. Für eine 1000 m darunter liegende Fläche ergeben sich insgesamt eine Strahlung nach oben von 90 Watt m^{-2}. Da in allen Seitenwänden des quadratförmig gedachten Raumelementes die Strahlungsbilanz zu Null angenommen wird, bleibt im ganzen in der Säule von 1000 m Höhe 100 — 90 = 10 Watt und entsprechend im Raumelement von 100 m Höhe 1m^2 und Fläche, also 100 m^3 Inhalt eine Leistung von 10 Watt : 10 = ,1 Watt stecken, d. h. die Leistungsdichte der langwelligen Strahlung beträgt

$$\frac{1 \text{ Watt}}{100 \text{ m}^3} = 1 \text{ Watt} \cdot 10^{9-2} \text{ km}^{-3} = 10^7 \text{ kWatt/1000 km}^3$$

Man kommt also wieder auf die gewohnte Größenordnung.

Bezüglich der Kondensation kann folgende Abschätzung gelten. Eine Hebung um 100 g m in 24 Stunden, d. h. 12,5 g m in 3 Stunden, entspreche bei ρ = 1,0 kg m^{-3} gemäß dp = $-\rho$ dh

(dh in gm zu messen)

einer Druckänderung von 1,0 m^3 · 12,5 · 10 $\frac{\text{m}^2}{\text{sec}^2}$ = 125 kgm^{-1} sec^{-2} = 1 · 25 mb in 3 Stunden. In der gesättigt angenommenen Luft bewirke eine Druckabnahme von 1,25 mb eine Abnahme der maximalen spezifischen Feuchte um 0,01 g/kg oder (bei ρ = 1,0 kg m^{-3}) eine Abnahme der absoluten Feuchte von 0,01 $\frac{\text{kg} \cdot \text{g}}{\text{m}^3 \text{ kg}}$ = 0,01 g m^{-3}. Bei einer Kondensationswärme von rund 600 cal/g wird dadurch eine Wärmemenge von

$$600 \cdot 0{,}01 \frac{\text{cal} \cdot \text{g}}{\text{g} \quad \text{m}^3} = 6 \text{ cal m}^{-3} \text{ in 3 Stunden erzeugt.}$$

Dies ergibt eine Leistungsdichte L = 6 cal m^{-3} (3 · 60 min)$^{-1}$ = 1 cal (30 m^3 min)$^{-1}$ oder da 1 Watt = 14,32 cal min^{-1}

$$L = \frac{1 \text{ Watt}}{30 \cdot 14{,}32 \text{ m}^3} = \frac{2.3 \cdot 10^7 \text{ kW}}{1000 \text{ km}^3}$$

Damit ist gezeigt, daß B ebenfalls die Größenordnung 10^6 bis $\frac{10^7 \text{ kWatt}}{1000 \text{ km}^3}$ besitzt. Mit σ = 1 m^3 kg^{-1} und $B = \frac{1 \cdot 10^7 \text{ k W}}{1000 \text{ km}^3}$ wird schließlich die spezifische Leistung in der freien Atmosphäre

$$\text{IV)} \quad \frac{dU}{dt} = \sigma \cdot B = \frac{10^7 \text{ kW}}{10^{12} \text{ kg}} = 10^{-2} \text{ Watt kg}^{-1}$$

Bei τ = 10 h erhält man

$$(24) \quad dU = 10^7 \cdot 10 \frac{\text{kWh}}{10^{12} \text{ kg}} = 10^8 \text{ kWh} \,.\, 10^{-12} \text{ kg}^{-1} = 1 \text{ kWh}$$

$$.\, 10^{-1} \text{to}^{-1} = 10^{-4} \text{ kWh} \,.\, \text{m}^{-3}, \text{ bezw. mit } \rho = 1 \text{ kgm}^{-3}$$

$$\rho \cdot dU = 10^8 \text{ kWh/1000 km}^{-3}$$

d. h. im Raumelement von 1000 km^3 würden 10^8 kWh in 10 Stunden aufgewendet, um die Ausgangsenergie U_0 abzuändern.

Diese ist, auf die Masseneinheit bezogen, bei v = 50 km/h, φ = 2000 g m, T = 270 grad und dem früheren E von 100 km^2 h^{-2} gegeben durch

$$\tfrac{1}{2} v^2 = 0{,}5 \,.\, 2500 \text{ km}^2 \text{ h}^{-2} = 1250 \text{ km}^2 \text{ h}^{-2}$$

$$\varnothing = 2000 \text{ gm} = 2\, 10^3 \,.\, 130 \text{ km}^2 \text{h}^{-2} = 260000 \text{ km}^2 \text{ h}^{-2}$$

$$c_v \,.\, T = 0{,}928 \,.\, 10^4 \frac{\text{km}^2 \text{h}^{-2}}{\text{grad}} \,.\, 2{,}70 \,.\, 10^2 \text{grad} = 2500000 \text{ km}^2 \text{ h}^{-2}$$

$$E = 100 \text{ km}^2 \text{ h}^{-2}$$

Danach wird die Summe dieser vier Energieteile zu U = (0,00125 + 0,26 + 2,50 + 0,0001) · 10^6 = 2,76 · 10^6 km^2 h^{-2} .

Man ersieht schon hier, daß innere Energie und potentielle Energie den Hauptvorrat an Energie in der Atmosphäre darstellen, während die Turbulenzenergie E 8 % der kinetischen Energie ausmacht.

Da 1 km^2 h^{-2} = $\frac{2{,}14 \cdot 10^4 \text{ kWh}}{10^{12} \text{ kg}}$ ergibt sich U zu

(26) $U = 2{,}76 \cdot 10^6 \cdot 2{,}14\ 10^4$ kWh/10^{12} kg $=$ $5{,}9 \cdot 10^{10}$ kWh / 10^{12} kg

Es verhält sich $dU : U = 10^8$ kWh : $5{,}9 \cdot 10^{10}$ kWh/10^{12} kg $= 1{,}7 \cdot 10^{-3}$.

Die Atmosphäre wirtschaftet also so, daß sie unter den oben genannten Bedingungen in 10 Stunden pro Massen- (oder Raum-) Einheit 1 bis 2 Tausendstel des vorhandenen Energievorrates umsetzt.

Im Problem der Wettervorhersage steckt also die Aufgabe, vorherzusagen, welcher Promillesatz des vorhandenen Energievorrates umgesetzt wird und in welcher Richtung dieser Prozeß verläuft.

Schluß. Die Typen der Vorhersagegleichungen und kritische Bemerkungen zu den Messungen der meteorologischen Elemente.

Ertel hat am Schluß seiner Darlegungen auf die Rolle der Energie- bzw. Leistungsbilanzgleichung im Rahmen der Vorhersagegleichungen hingewiesen.

Danach ist sie durchaus keine neue Gleichung, sondern aus der hydrodynamischen Bewegungsgleichung, dem 1. Hauptsatz der Thermodynamik und der Gleichung für $\rho \frac{dE}{dt}$ ableitbar.

Betrachtet man $\bar{v} = v_x, v_y, v_z, \rho, T, p$ und E als Veränderliche, μ, λ, η und die äußere Wärmezufuhr Q als bekannte Größen, so kann man folgendes System von Vorhersagegleichungen aufstellen:

$$\text{I.)}\quad \frac{d\bar{v}}{dt} = g - \frac{1}{\rho}\,\text{grad}\, p - 2\,[w \cdot v] + \bar{A}$$

wobei (Bewegungsgleichung)

$$A_x = \frac{\partial}{\partial z}\left(\mu\,\frac{\partial v_x}{\partial z}\right),\ A_y = \frac{\partial}{\partial z}\left(\mu\,\frac{\partial v_y}{\partial z}\right)\ A_z = 0$$

$$\text{II.)}\quad \frac{d\rho}{dt} = -\,\rho\ \text{div}\, v \quad \text{(Kontinuitätsgleichung)}$$

$$\text{III.)}\quad \frac{dp}{dt} = R\,\frac{d\,(T.\rho)}{dt}$$

(differenziierte Zustandsgleichung der Luft)

$$\text{IV.)}\quad \rho\,\frac{dE}{dt} = \mu\left[\left(\frac{\partial v_x}{\partial z}\right)^2 + \left(\frac{\partial v_y}{\partial z}\right)^2\right] - \eta \cdot \frac{g}{T}\left(\Gamma + \frac{\partial T}{\partial z}\right)$$

(Turbulenzgleichung)

$$\text{V.)}\quad \rho\,\frac{d}{dt}\,(1/2\, dv^2 + d\varnothing + c_v dT + E) = \text{div}\,((-p\bar{E} + \bar{T})\bar{v}) + \text{div}\,(\lambda \text{grad}\, T) + Q$$

Ihre formale Lösung mit Hilfe der zeichnerischen Algebra könnte sich etwa folgendermaßen vollziehen:

Aus Aufstiegs- und Höhenwindmessungen, die grundsätzlich auch die Vertikalkomponenten v_z zur Zeit t_0 mittels Doppelanschnitten einzuschließen hätten, werden gemäß I.) die Felder von $\frac{1}{\rho}$ grad p, 2 [w v] und $\bar{A}$ konstruiert, wobei über das Feld des Faktors μ in A durch einfache Annahme verfügt werden kann. Ihre Zusammensetzung auf zeichnerischem Wege ergibt dann das Feld der Beschleunigung $\frac{dv}{dt}$. Aus ihm wird mit Hilfe des durch Messungen bekannten Geschwindigkeitsfeldes zur Zeit t_0 gemäß der eingangs erwähnten Überlegungen das Geschwindigkeitsfeld v_1 zur Zeit t_1 gewonnen.

Aus dem gemessenen Höhenwindfeld $\bar{v}_0$ kann zeichnerisch die Zustandsgröße div v und wegen des aus den Aufstiegen bekannten Dichtefelde ρ_0 auch die Zustandsgröße $B_2 = \rho_0$ div v_0 gewonnen werden.

Die Gleichung II.) gestattet, aus der zeitlichen Dichteänderung $\frac{d\rho}{dt} = B_2$ und ρ_0 die Dichteverteilung ρ_1 im Zeitpunkt t_1 zeichnerisch zu gewinnen. Auch die Gleichung IV.) enthält außer den Feldern für μ und η lauter Feldgrößen, die (mittels Vertikalschnitten) aus den gemessenen Größen konstruierbar sind und damit auch $\rho\,\frac{dE}{dt} = B_4$ zu finden gestatten. Seine Einführung in V.) läßt auf der linken Seite nur die Änderung der inneren oder potentiellen und der kinetischen Energie übrig. Da aus dem nach I' bekannten $\frac{dv}{dt}$ auch $\frac{d}{dt}v^2$, aus $\frac{d\varnothing}{dt} = \frac{dh}{dt} = \frac{dh}{dz}\cdot\frac{dz}{dt} = v_z . g$ auch $\frac{d\varnothing}{dt}$ erhalten werden kann, woraus erneut die Wichtigkeit der Bestimmung von v_z hervorgeht, kann aus V') die Änderung der inneren Energie $c_v\,\frac{dT}{dt}$, bzw. die Änderung der Temperatur T in der Form

$$\text{V''):}\quad \frac{dT}{dt} = \frac{1}{\rho \cdot c_v}\left[\text{div}(-p\bar{E} + \bar{T})\,\bar{v}\right] + \text{divgrad}\ T + Q - \rho\left(\frac{dE}{dt} + \frac{d\varnothing}{dt} + \frac{1/2\,dv^2}{dt}\right)$$

erschlossen werden. Die Größenordnung der einzelnen Glieder auf der rechten Seite ist ja ausführlich behandelt worden. Aus V'') in der Form $\frac{dT}{dt} = B_5$ läßt sich bei gegebenem Temperaturfeld T_0 zur Zeit t_0 das Feld T_1 zur Zeit t_1 erschließen. Da in III'

$$\frac{dp}{dt} = R \cdot \left(\frac{dT}{dt}\,\rho + T\,\frac{d\rho}{dt}\right)$$

nunmehr aus V'') und II' alle Größen rechts feldmäßig bekannt sind und zusammen B_3 ergeben mögen, erhält man schließlich aus III' mittels p_0 und B_3 das Druckfeld p_1 zur Zeit t_1.

Die vorstehende Skizze ist also darauf abgestellt, das Geschwindigkeitsfeld v, das Massenfeld ρ und das Druckfeld p festzustellen zum Zeitpunkt t_1, wenn es zum früheren Zeitpunkt t_0 gegeben ist. Unter welchen Voraussetzungen diese Aufgabe formal lösbar ist, wenn man sich auf genügend kleine Zeitabschnitte $t_1 - t_0$ beschränkt, ist im vorstehenden gezeigt worden. Für die Ausführung in der Praxis ergeben sich folgende Fragen:

1. Mit welcher Genauigkeit müssen die verlangten Größen gemessen werden, um zu einer erfolgversprechenden Lösung zu gelangen? Wie weit darf insbesondere der Zeitpunkt t_1 der Vorhersage hinausgeschoben werden?

   Die Beantwortung dieser Frage erfordert eine möglichst gute Abschätzung der Größenordnung, mit welcher alle Variabeln, insbesondere μ, λ, η, in die Gleichungen eintreten.

2. Kann die heutige Technik der meteorologischen Geräte die Ansprüche an die verlangte Maßgenauigkeit erfüllen? Unter den unbedingt zu messenden Größen erscheint auch die Vertikalgeschwindigkeit v_z, um deren Erfassung man sich bisher zu wenig gekümmert hat.

3. Welche meteorologischen Größen treten neben den Hauptvariabeln noch in das Gleichungssystem, insbesondere in die Leistungsbilanzgleichung ein, und mit welcher Genauigkeit können sie gemessen und abgeschätzt werden?

   Es ist hier besonders an die Strahlungsbilanz und den Wasserhaushalt der Atmosphäre, auch in den bodennächsten Schichten, zu denken.

4. Sind überhaupt die vorgelegten Gleichungen die einzig geeigneten zur Lösung des Vorhersageproblems oder lassen sich Kombinationen und Änderungen derselben einführen, die die Vorhersage erleichtern?

   Eine Erleichterung könnte z. B. darin bestehen, daß statt der individuellen Änderungen $\frac{d\,.}{dt}$ auf die lokalen $\frac{\partial\,.\,.}{\partial t}$ übergegangen wird.

5. Wie ist die Technik der Verarbeitung der erlangten Meßwerte auszugestalten, um die gestellte Aufgabe in immer kürzer werdenden Fristen zu lösen?

   Hier spielen Nachrichtentechnik, synoptische Verarbeitung, zeichnerische Methoden und mathematische Hilfsmittel ihre Rolle.

6. In welcher Form können die vorhergesagten Einzelfelder zu einer für die Bedürfnisse der Praxis brauchbaren Form der Vorhersage verarbeitet werden?

   In welcher Weise lassen sich die erlangten Ergebnisse durch Heranziehung eines gewissen Schatzes persönlicher Erfahrungen in der Vorhersagepraxis oder der Statistik von Wettervorgängen befestigen und erweitern?

Das vorstehende Programm soll dazu dienen, den gesamten Bereich des Vorhersageproblems in der Meteorologie übersichtlicher zu gestalten und durch Spaltung in Teilaufgaben zu zeigen, wo und wie die vorhandenen Kräfte und Hilfsmittel anzusetzen sind, um zu einer Steigerung ihres Wirkungsgrades in bezug auf die Sicherheit der Vorhersage zu gelangen.

Über Anteil und Aufbau der Kaltluft bei einer 5b-Serie

Mit 6 Abbildungen

Von H. G. Koch, Weimar

Zusammenfassung: Die 5 b-Serie vom 21. 10. bis 7. 11. 1941 enthält drei verschiedenartige Einzellagen, deren erste nur sehr schwach und kurzdauernd ist, da der erforderliche Kaltluftzufluß fehlt. Die zweite Bildung kommt durch den Vorstoß von Kaltluft auf der *Nord*seite der Alpen nach der Tschechei zustande. Das hierbei über Deutschland entstehende Höhentief steuert ein troposphärisches Abkühlungsgebiet nord- und westwärts herum nach dem Golfe du Lion, wodurch die dritte, kräftigste Entwicklung angeregt wird. Die Änderungskarten der relativen Topographie, besonders die der 500 über der 800 mb-Fläche, erweisen sich als für die Vorhersage der Neubildung besonders wertvoll, da gerade dieser Schicht für den Aufbau der erzeugenden Kaltluft besondere Beachtung zukommen muß. Der Anteil von Warmluft ist nur gering.

I. Allgemeines

Die Bedeutung der Kaltluft bei Zyklogenesen im allgemeinen, speziell aber auch für die 5 b-Tiefs, ist bekannt. Bei letzteren ist die Neubildung bzw. Vertiefung in Oberitalien oder Ungarn infolge der Wirkung des Alpenmassivs oft unvermittelt und heftig, der Zeitpunkt der Fortbewegung des Tiefzentrums innerhalb der rasch entstehenden Frontalzone und der meist in der Nähe der Ostalpen entstehenden Divergenzzone der Isobaren prognostisch wegen der plötzlich einsetzenden Niederschlagsbildung in der östlichen Reichshälfte besonders zu beachten.

Bei den 5 b-Bildungen in Oberitalien handelt es sich entweder um vollkommene Tiefdruckneubildung, um Vertiefung einer schon vorhandenen, orographisch oder andersartig entstandenen Depression oder drittens um Weiterleitung und Beschleunigung eines von Westen, Südwesten oder auch Süden anwandernden, an dieser Stelle umgebildeten Tiefs. In vorliegend ausgewählter Wetterlage treten die beiden ersten der genannten Möglichkeiten auf.

Entscheidend für den Zeitpunkt der Vertiefung sind die Bewegung sowie der Augenblick des Eintreffens der Kaltluft an der Stelle der Zyklonenbildung; ihr Weg führt in den meisten Fällen über Westeuropa (durch das Rhonetal) südwärts in den Golfe du Lion, unter Abschwächung auch quer über die Alpen südwärts.

An Hand der 5 b-Periode vom 21. 10. bis 7. 11. 1941 soll gezeigt werden, in welch hohem Grade der Weg der Kaltluft, Herkunft, Abschwächung und Verstärkung sowie Art der Fortbewegung und vertikaler Aufbau für die Neubildung von entscheidender Bedeutung sind. Dafür haben neben der Bodenwetterkarte die Karten der relativen Topographie sowie deren 24stündigen Änderungen als Maß der troposphärischen Temperaturänderungen sich als besonders zweckmäßig erwiesen.

Schon Form und Aussehen des Kaltlufttropfens geben einen prognostischen Anhalt über seinen späteren Einfluß. Die Untersuchung ergab, daß die Kaltluft als möglichst eng begrenztes und über Mittel- oder Ostfrankreich als abgeschlossenes Zentrum in den Karten der relativen Topographie auftauchen oder auch als von Norden vorgeschobene Kaltluftzunge nach Südfrankreich, häufig auch vom Atlantik nach der Biskaya hin ausgreifend vorhanden sein muß. Bei Beobachtung seiner Zugrichtung ist die Ankunft im westlichen Mittelmeer sowie die damit einsetzende Vertiefung und Fortbewegung des Tiefzentrums im voraus bestimmbar. Da jedoch das Zentrum des Kältegebietes häufig über Frankreich liegen bleibt, die Abkühlung aber trotzdem nach Süden fortschreitet, ist neben der relativen Topographie noch die Beachtung ihrer 24-stündigen Änderungen wichtig.

II. Einteilung

Die 5 b-Epoche vom 21. 10. bis 7. 11. 1941 läßt sich in drei eigentliche 5 b-Lagen und drei Vor- und Zwischenepochen einteilen:

1. Vom 21. bis 23. 10.: Vorwetterlage und Einleitung mit Leetiefbildung südlich der Alpen.

2. Vom 24. bis 26.10.: Erste, allerdings nur mäßig klare 5 b-Entwicklung.
3. 27. bis 30.10.: Zwischenepoche mit stürmischer Westlage und vorbereitendem Kaltluftzufluß von Nordwesten her.
4. 31.10. bis 2.11.: zweite 5 b-Entwicklung.
5. 2. bis 4.11.: Zwischenepoche und Einleitung.
6. 5. bis 7.11.: Dritte 5 b-Entwicklung.

Die Einwirkung des wandernden Kaltluftgebietes auf die Neubildung geht in allen drei Fällen in verschiedener, jeweils aber charakteristischer Form vor sich:

Erste Entwicklung: Die Kaltluft dringt am Boden und in der Höhe gleichzeitig vom Nordseeraum her über Frankreich ins westliche Mittelmeer vor (häufigste Form).

Zweite Entwicklung: Die Kaltluft dringt auf der Nordseite der Alpen ostwärts vor, während Warmluft über Südosteuropa nach Norden vorstößt, und führt zur Neubildung über Ungarn (Scherhag'scher Alpenhochkeil).

Dritte Entwicklung: Die Kaltluft fließt, ähnlich Fall eins, über Frankreich südwärts, ist jedoch nicht am Boden, sondern nur in höheren Troposphärenschichten zu erkennen.

Bei allen drei Lagen ist der vertikal sehr mächtige und mit Ausnahme des 1. und 2.11. stationär bleibende hohe Druck über dem Ostatlantik vorhanden, so daß der erforderliche Kaltluftzufluß aus Norden immer gewährleistet ist.

III. Wetterlagen

a) Die erste 5 b-Entwicklung vom 21. bis 26.10.1941

Als einleitend kann die auf der Rückseite eines über dem Finnenbusen stationär werdenden ausgedehnten Sturmwirbels herrschende Rückseitenströmung gelten, die am 21. und 22.10. auf der Ostseite des ostatlantischen Hochs aus Westnordwest bis Nordnordost von Nordskandinavien her zufließt. Zwischen dem ostatlantischen Höhenhoch und einem am 23. über Holland gelegenen, aus dem Nordmeer stammenden Kaltlufttropfen entsteht über der Normandie eine scharfe Frontalzone mit Nordwinden von 120 bis 150 kmh gemessen. In ihrem Delta liegt über Ostfrankreich sowie über Oberitalien ein 24stündiges Fallgebiet von 10 mb. Gleichzeitig an der Entstehung des oberitalienischen Tiefs vom 23. mit Kerndruck 1005 mb über Korsika mögen Leewirkung der Alpen und Kaltluftzufluß mit nordwestlichen Höhenwinden ins westliche Mittelmeer hinein gleichermaßen beteiligt sein. Denn die Radiosonde Marseille zeigt anhaltenden Temperaturrückgang der Troposphäre an, indem die relative Topographie der 500 mb-Fläche am 21.10. 552 dkm, am 22. 546, am 23. 541 dkm beträgt. Jedoch ist dieses Tiefzentrum vom 23. noch kein 5 b-Tief, weil der Kaltlufttropfen selbst noch über Holland liegt, die Höhenisobaren über dem Mittelmeer west-ostwärts anstatt von Südwest nach Nordost gerichtet sind und noch keine Höhendivergenz im Mittelmeergebiet ausgebildet ist.

Diese Voraussetzungen werden erst im Laufe der Nacht zum 24.10. erreicht, indem der Kaltlufttropfen über Ostfrankreich liegt, die Kaltfront an der A. F. über Südfrankreich und die Pyrenäen bis Mittelspanien vordringt (die relative Topographie sinkt in Marseille innerhalb 24 Stunden auf 527 dkm ab, gibt also einen mittleren Temperaturrückgang der Troposphäre um 7 Grad wieder) und ein nunmehr selbständiges Höhentief über den westlichen Alpen liegt. Gleichzeitig ist über Österreich und Ungarn ein Niederschlagsgebiet vorhanden, das jedoch wegen schwacher Luftmassengegensätze nur von geringer Intensität ist. Das Bodentief liegt mit zwei Zentren von je 1005 mb über Korsika und der nördlichen Adria.

Zwar ist die Entstehung des 5 b-Tiefs am 23./24. nach den Normen der 5 b-Bildung vor sich gegangen, jedoch ermangelt gegenüber einer idealen Entwicklung die Tatsache, daß der Kaltlufttropfen am 24. früh noch nördlich anstatt südlich des Französischen Zentralplateaus und der Westalpen liegt (Fig. 4). Da auch am 25. der Tropfen erst **über** dem Zentralplateau liegt und sich sogar noch verkleinert, ist an beiden Tagen keine Divergenz in der südwestlichen Höhenströmung, mithin auch kein Fallgebiet am Boden in fraglichem Gebiet vorhanden. Die schwache Kaltluftzunge sowie ein kleines Höhentief am 26. über Südfrankreich sind zu schwach und für die Vertiefung bereits zu spät. Das oberitalienische Tief erfährt also nur geringen Bewegungsimpuls nach Nordosten und zieht, da auch kein genügender Warmluftstrom aus dem Süden einsetzen kann, im Laufe des 25. vom nördlichen Mittelmeerraum über die Beskiden mit schwachem Niederschlagsgebiet zum nördlichen Polen.

Damit ist die Entwicklung schon abgeschlossen. Die Hauptrolle des Wettergeschehens übernimmt in der Nacht zum 26. bereits ein starkes Fallgebiet, das, vom Nordmeer rasch südostwärts ziehend, am 26. früh mit einer 24stündigen Tendenz von —25 mb über der inneren Ostsee liegt. Es zieht den Einbruch frischer m. A. K.-Massen nach Mitteleuropa nach sich, welche bis einschließlich 29.10. den Nordwestwettercharakter für West- und Mitteleuropa bestimmen. Dieser m. A. K.-Einbruch hat zur Folge, daß am 26. gerade auf der Rückseite des über dem nördlichen Polen gelegenen Rest-5 b-Tiefs ein selbständiger Kaltlufttropfen von 516 dkm relativ sowie ein Höhentief zu liegen kommen, das genetisch jedoch nicht dem 5 b-Tief zuzuschreiben ist. Es erteilt demselben lediglich noch einen neuen Impuls nach Nordosten, so daß dieses am 27. bereits im Zentraltief des Finnenbusens aufgegangen ist. Dies erste Tief der 5 b-Serie zeigt, inwieweit ungenügend erfüllte Vorbedingungen (Lage des Kaltlufttropfens nördlich, anstatt südlich des Zentralplateaus, geringe Bewegung der Kaltluft) eine nur unvollkommene Fortentwicklung zur Folge haben.

b) Die zweite 5 b-Entwicklung vom 30.10. bis 2.11.1941

Die Zwischenepoche bis zur zweiten Vertiefung steht im Zeichen eines am 27. im Nordmeer erscheinenden Tiefs, das am 28. und 29. unter merkwürdigen, hier nicht zu behandelnden Umständen als Sturmwirbel über Dänemark stationär bleibt. Auf seiner Südseite herrscht über West- und Mitteleuropa bei Nordwestwinden innerhalb der m. G. A. und m. A. K. stark veränderliches Böenwetter. Am 30.10. läuft ein luftmassenmäßig nicht zu deutendes, als „tropischer Sturmwirbel" bezeichnetes Tief über dem östlichen Belgien und Frankreich nach Süden. Außer für eine Beschleunigung der Kaltluftzufuhr ist sein Beitrag für die 5 b-Bildung von geringer Bedeutung. Für die Ausgangswetterlage sind diese Tage jedoch entscheidend; erstens entsteht mit dem kräftigen Zustrom der m. A. K. aus Nordwesten eine von Südskandinavien nach Ostfrankreich reichende Kaltluftzunge, die am 30. 10., dem Vortage der eigentlichen 5 b-Bildung über Süddeutschland zum selbständigen Kaltlufttropfen wird und steuerndes Höhentief bis zum 6. 11. (!) bleibt; zweitens vertieft sich wiederum im Lee der Alpen ein altes Resttief am 27., das jedoch ebenfalls wie das Leetief vom 23. 10. seine Energie aus einer Höhenwinddivergenz über Frankreich erhält. Eine Entstehung dieses Leetiefs nach Art der 5 b kommt aus dem Grunde hier nicht in Betracht, weil im unteren Rhonegebiet weder Bodenfronten passieren noch Änderungen der relativen Topographie eintreten. Dieses oberitalienische Tief pendelt in der Zeit vom 27. bis 30. südlich der Alpen hin und her. Es erfährt durch Geländewirkung (orographische Randwirbelbildung an den Westalpen) begünstigt am 30. eine Vertiefung auf 995 mb, indem mit einer auf der Westseite der Alpen bis Spanien vordringenden frischen m. A. K.-Staffel troposphärische Abkühlung von 4 Grad im Mittel eintritt (relative Topographie Marseille am 29. 532 dkm, am 30. 524 dkm). Es sei jedoch ausdrücklich darauf hingewiesen, daß dieses Tief seiner Entstehung nach noch keine 5 b-Eigenschaften hat. Das erhellt auch daraus, daß noch bis 19 Uhr das Tief nahezu unverändert über Oberitalien verharrt.

In der Höhe haben sich jedoch am 30. alle Vorbedingungen so eingestellt, daß in der Nacht zum 31. das Tief 5 b-Eigenschaften erhält, indem es durch Kaltluft von der Nordseite der Alpen her plötzlich Bewegungsimpuls nach Nordosten empfängt und rasch über Ungarn (31. früh) und Sachsen (1. 11.) in Richtung Mittelrußland zieht.

Den Anstoß zu dieser Entwicklung gab die Ankunft eines Kaltlufttropfens aus Nordnordwest vor den Alpen. Mit diesem Augenblick setzt die Vertiefung ähnlich den 5 b-Bildungen auf der O s t seite der Alpen ein, wie sie S c h e r h a g *) beschrieben hat. Am Morgen des 30. 10. liegt der aus Nordnordwest zugewanderte Kaltlufttropfen auf der Nordseite der Alpen, ihm entspricht in der Bodenwetterkarte der über den Alpen von West vordringende Hochdruckkeil im Sinne Scherhags. Auch zeigt die relative Topographie über Ungarn und Polen bereits eine kräftige Divergenz der Isothermen an. Da der Kaltlufttropfen jedoch wider Erwarten bis zum 31. 10. keine wesentliche Verlagerung erfährt (Figur 1), muß als Maß für die troposphärischen Temperaturänderungen zum Verständnis der 5b-Vertiefung die 24stündige Änderung der relativen Topographie herangezogen werden. Hier zeigt sich nun lediglich in Oberitalien eine Abkühlung von 4 Grad, über Ostdeutschland, Böhmen und Ungarn mit der aus Südost vordringenden Warmluft jedoch Erwärmung mit maximal 4 Grad über den Beskiden und über Dresden. Diese beiden Temperaturänderungsgebiete reichen aus, um am 31. auf der Ostseite des westdeutschen Höhentiefs eine Divergenz der Isothermen sowie der Höhenisobaren (Figur 1) entstehen zu lassen, innerhalb deren das Zentrum eines dreistündigen Fallgebietes von 3 mb über Böhmen liegt. Diesem gleichzeitigen Zusammenwirken von Erwärmung über dem Karpathenraum und der Abkühlung in Oberitalien ist die Beschleunigung des Tiefs auf der Zugstraße 5 b zuzuschreiben. Dieser Vorgang weicht von den durch S c h e r h a g geschilderten Fällen insofern ab, als die Kaltluft am Alpennordrand infolge starker Verringerung der Geschwindigkeit nicht mehr ostwärts vorankommt, sondern ein Teil der Kaltluft sogar die Alpen in Richtung Mittelitalien überschreitet (Abkühlung um 4 Grad). Diese Verzögerung hat eine bedeutende Abschwächung der 5 b-Vertiefung zur Folge. Dies ändert jedoch nichts an den Grundlagen der Bildung nach S c h e r h a g. Jedoch wird auch aus diesem zweiten Fall ersichtlich, in welcher Weise jede Abweichung vom Idealfall auf die Zyklogenese hemmend wirkt.

*) *R. Scherhag*, Die Entstehung der 5 b-Depressionen. Ann. Hydr. und marit. Meteor. XIV. Jahrgang Köppenbeiheft.

Von dem Tief über Ungarn spaltet sich am 31. gleichzeitig ein eigenes Zentrum, eine umgebogene Okklusion mit sich führend, ab und liegt am 1. 11. über Sachsen, ein ausgedehntes Niederschlagsgebiet über Nord- und Westdeutschland hervorrufend. Am 2. 11. liegt es bereits über dem oberen Dnjepr bei fortschreitender Bewölkungsauflockerung über Mitteleuropa (vgl. auch den letzten Abschnitt des Aufsatzes!).

c) D i e d r i t t e 5 b - E n t w i c k l u n g v o m 1. b i s 7. 11. 1941

Die als letzte der drei Neubildungen dieser Epoche zu beschreibende Zyklogenese vom 4./5. 11. ist ein Sonderfall der weitaus am häufigsten vorkommenden Formen, wobei der Kaltlufttropfen nicht am Nordrand der Alpen in östlicher Richtung, sondern durch das Rhonetal südwärts ins westliche Mittelmeer zieht.

Die Ausgangswetterlage ist durch den Abzug des vorangegangenen zweiten 5 b-Tiefs der Serie gegeben, das am 31. 10. bis 1. 11. von Ungarn über Polen wanderte. Auf dessen Rückseite liegt am 1. 11. ein Gebiet 24stündiger mittlerer Temperaturabnahme (Änderung der relativen Topographie 500 mb) über ganz Südosteuropa (Figur 1), sein Zentrum von 8 Grad über Bulgarien. Es ist letzten Endes wiederum als ursächlich für die kommende Neubildung am 5. 11. anzusehen. Voraussetzungen sind ferner das mit dem troposphärischen Kaltgebiet zusammenfallende, am 29. 10. mit dem nordwesteuropäischen Sturmtief hergewanderte und über Süddeutschland stationär gewordene Höhentief von 520 dkm (Figur 1), die südwestliche Höhenströmung über dem östlichen Mittelmeer, ferner die flache Tiefdruckverteilung am Boden über dem Mittel-

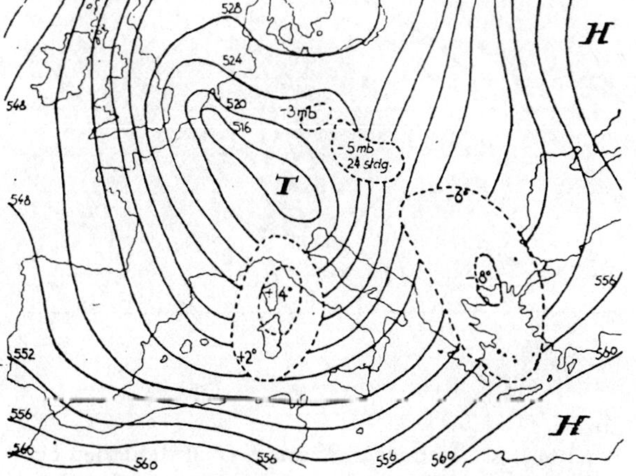

Fig. 1. Absol. Topogr. 500 mb und Fallgebiete 31. X. 05^{00}, sowie punktiert 24stdg. Änderung der rel. Topogr. 1000—500 mb 31. X.—1. XI.

meerraum sowie der hohe Druck über dem Ostatlantik und Südskandinavien, der bis zum 5. 11. bestehen bleibt.

Bei dieser Ausgangswetterlage war eine dritte 5 b-Entwicklung zu erwarten, jedoch war der Zeitpunkt der Neubildung nach dem 2. 11. aus Bodenanalyse und Topographie allein prognostisch nicht zu ersehen. Die Bodenwetterkarte zeigt vom 1. bis 4. 11. bei schwachem nordsüdlichen Druckgefälle für Mitteleuropa trübes, vielfach nebeliges Wetter mit geringen Änderungen.

Der am 1. 11. über Süddeutschland gelegene troposphärische Kaltlufttropfen von 512 dkm relativ, von dessen Verlagerung die dritte 5 b-Entwicklung erwartet wird, liegt am 2. 11. über Sachsen und bewegt sich, der allgemeinen Strömung folgend, von dort nach Westen; liegt am 3. früh, mit dem Höhentief annähernd zusammenfallend, über dem Plateau von Langres. Schon am nächsten Tag können die Vorbedingungen zur 5 b-Bildung: Kaltluft durchs Rhonetal im Golf von Genua einfließend und dadurch bedingte Divergenz der Höhenströmung über Norditalien und Ungarn, erwartet werden. Der Kaltlufttropfen verringert jedoch infolge eines am 3./4. über der Normandie an einer Bodenkonvergenz entstehenden Tiefzentrums seine Geschwindigkeit und liegt am 4. früh, allerdings um 4 dkm vertieft, nur wenig nach Westen hin verlagert, in der Nähe von Paris. Das Höhentief hat sich, dem Druckfall am Boden folgend, sogar weiter nach Nordwesten verschoben. Bei flüchtiger Betrachtung der absoluten Topographie a l l e i n könnte man schon am 4. 11. früh eine Isobarendivergenz und damit Druckfall über Oberitalien-Dalmatien vermuten. Da dies noch nicht der Fall ist, muß also außerdem auch die Bewegung des troposphärischen Kaltgebietes sowie auch die Lage des Höhentiefs ausschlaggebend sein.

Die Verzögerung des Kaltlufttropfens über Mittelfrankreich hat die Zyklogenese nur um knapp einen Tag verschieben können: In der Nacht zum 5. tritt rasch Vertiefung des Bodendruckes und die Entstehung

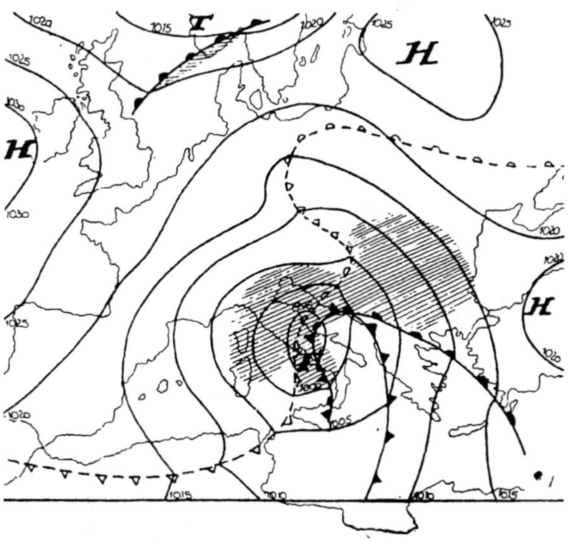

Fig 2. Bodenwetterkarte 5. XI. 1941 05[00]

eines kräftigen Tiefs von 995 mb über Mittelitalien ein (Figur 2). Die Frühkarten des 5. 11. (Figuren 2 und 3) zeigen das Höhentief stark nach Süden, zur Côte d'Or, verlagert sowie die gut ausgebildete Divergenz der von Südwest nach Nordost gerichteten Höhenisobaren über

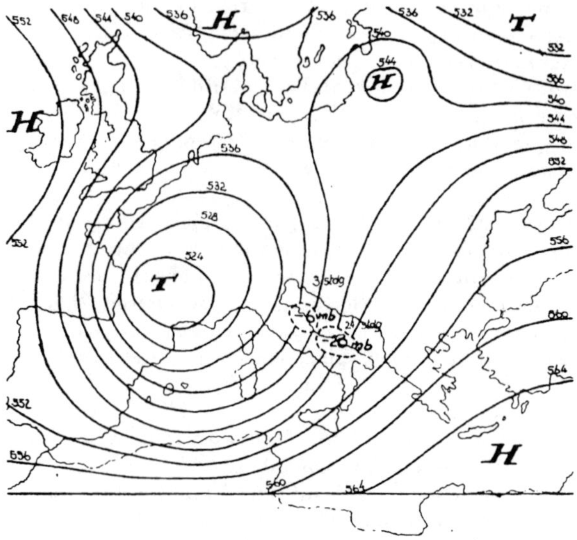

Fig. 3 Absolute Topographie 500 mb und Fallgebiete 5. XI. 1941 05[00]

der Tschechei und Ungarn. Um 08 Uhr liegt ein dreistündiges Fallgebiet von 6 mb sowie ein 24stündiges Fallgebiet von 20 mb über der nördlichen Adria bzw. östlichem Mittelmeer.

Der Kaltlufttropfen selbst hat sich von Paris aus nur wenig nach Südwesten bewegt (Figur 4). Die Südwestverlagerung des Höhentiefs ist also nicht auf die Bewegung des Kältetropfens, sondern auf den Druckfall am Boden zurückzuführen, der von dem allgemeinen Fall im westlichen Mittelmeer herrührt. Die Topographien des durch Radiosonden gut belegten Raumes ergeben folgende Werte:

Datum:	Paris	Dijon	Bordeaux	Marseille
Relative Topographie:				
3. 11.	512	511	516	520
4. 11.	(512)	509	514	519
5. 11.	512	514	512	**516**
Absolute Topographie:				
3. 11.	527	520	530	532
4. 11.	(523)	524	528	532
5. 11.	**528**	(526)	526	**523**

Während in Paris auf der Rückseite des Höhentiefs bei gleichbleibender relativer Topographie die absolute vom 4. zum 5. mit der Druckzunahme am Boden schon wieder um 5 dkm ansteigt, zeigt Marseille eine 24stündige Abnahme der relativen von nur 3 dkm, jedoch eine Verringerung der absoluten Topographie um 9 dkm, gleichzeitig Druckfall am Boden um 6 mb. (Daß die relative Topographie nur um 3 Grad in Marseille abnimmt, liegt, wie unten gezeigt wird, daran, daß in den untersten Schichten Erwärmung um etwa 2 Grad, erst über 2000 m Abkühlung um etwa 3 Grad herrscht.) Druckfall am Boden und in der Höhe treten also gleichzeitig auf und um einen Betrag, der durch die troposphärische Temperaturänderung allein nicht hervorgerufen werden kann. Diese Beobachtung veranschaulicht die Tatsache, daß die Änderung der a b s o l u t e n Topographie der 500 mb-Fläche für die Vorhersage einer Vertiefung zu spät eintritt, da sie mit dem Fall am Boden gleichzeitig abläuft. Auch die Ausbildung der Höhenwinddivergenz scheint (wie hier allerdings nicht genügend nachgewiesen werden kann) erst gleichzeitig mit der Vertiefung am Boden zu geschehen, scheint ihr jedenfalls nicht wesentlich vorauszugehen.

Bei den meisten 5 b-Lagen ist die Wanderung des troposphärischen Kaltlufttropfens (Figur 4) für die

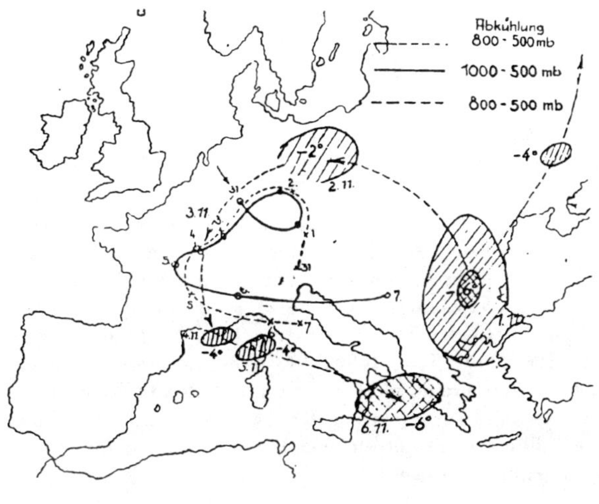

Fig. 4. Zugbahn des Kaltlufttropfens 1000—500 mb und 800—500 mb 31. X.—7. XI. sowie Zugbahn des Abkühlungsgebietes 800—500 mb 1.—6. XI.

Neubildung in Oberitalien ausschlaggebend und zur Prognose verwertbar. Im vorliegenden Falle jedoch bewegt sich das Zentrum des Kältegebietes gerade in den fraglichen Tagen vom 3. bis 5. 11. nur sehr langsam, zieht also auch nicht das Rhonetal abwärts, sondern liegt am 5. 11. noch immer nordwestlich des südfranzösischen Berglandes, so daß hiernach die Neubildung gar erst für den 6. 11. zu erwarten wäre. An dem vorliegenden Beispiel soll aber gezeigt werden, daß nicht Lage und Wanderung des Kaltlufttropfens selbst, sondern die Verlagerung des Schwerpunktes der strömenden Kaltluft ausschlaggebend wird.

Für diesen Zweck werden zwei aus den 24stündigen Änderungen der relativen Topographie gewonnene

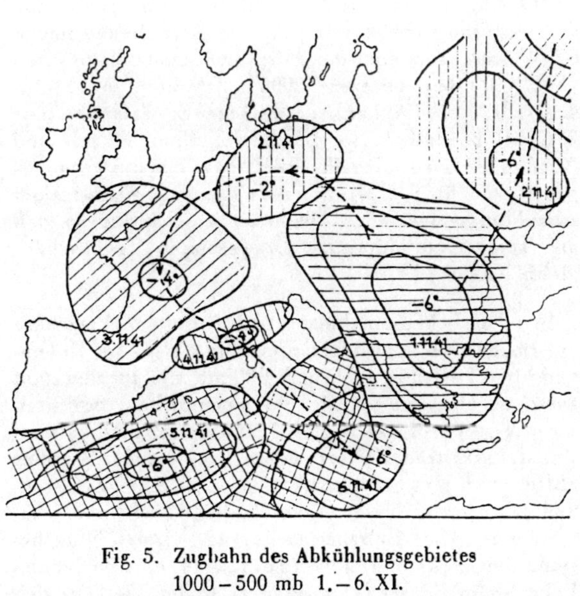

Fig. 5. Zugbahn des Abkühlungsgebietes 1000—500 mb 1.—6. XI.

Karten wiedergegeben (Figuren 4 und 5), welche die Zugbahn der 24stündigen Temperaturänderung (Abkühlungs- und Erwärmungsgebiete) der Schichten zwischen 1000 und 500 mb darstellen: Der Hauptanteil der troposphärischen Temperaturabnahme über Südosteuropa vom 1. 11. folgt dem abwandernden zweiten Tief der 5 b-Serie nach Nordosten (Figur 4). Ein über Südost-Europa gelegenes Teilgebiet jedoch wird, zunächst auf minus 2 Grad abschwächend, dann erneut auf minus 4 Grad verstärkend, um das steuernde Höhentief herumgeführt, liegt am 3. mit seinem Zentrum über der unteren Loire und zieht, der mittleren troposphärischen Strömung folgend, bis zum 4. früh zum Golf von Genua. Es eilt dem Kaltlufttropfen um ein bis zwei Tage *voraus* und gibt somit ein besseres Maß für die Massenverlagerungen innerhalb des Kaltluftgebietes. Mit seinem Eintreffen am Südrande der Westalpen begann die rasche Neubildung, die am Morgen des 5. ihren Höhepunkt erreicht hatte. In diesem Falle bot die Zugbahn des Abkühlungsgebietes das einzige zuverlässige Hilfsmittel für den Zeitpunkt des beginnenden Druckfalles.

Auf derselben Bahn folgte 24 Stunden später das Gebiet der Temperaturzunahme nach, das jedoch auf der Rückseite des Höhentiefs nicht von prognostischer Bedeutung, sondern nur wegen seiner präzisen Nachfolge von Interesse ist.

Der vertikalen Struktur des Kaltlufttropfens als dem Hauptfaktor bei der Zyklogenese wurde noch besondere Beachtung zugewandt in der Annahme, daß Kaltluft die Topographie der untersten Troposphärenschichten, Warmluft jedoch die der höheren Schichten beeinflußt. Diese Vermutung hat sich durch vorliegenden Fall nicht bestätigt.

Aus Höhenkarten der absoluten Topographie der 800- und 500 mb-Flächen wurden durch graphische Subtraktion die relativen Topographien der 800- über der 1000 mb-Fläche sowie der 500- über der 800 mb-Fläche gewonnen und mit diesen wiederum Karten der 24stündigen Temperaturänderung für diese beiden Troposphärenschichten (etwa 00 bis 2000 und 2000 bis 5500 m) gezeichnet. (Die Temperaturänderungen des unteren plus denen des oberen gewählten Niveaus müssen die Änderungen zwischen 1000 und 500 mb ergeben. In einigen Fällen wird ein Temperaturänderungsgebiet in Bodennähe durch eines mit umgekehrten Vorzeichen der höheren Schichtstufe kompensiert, oder beide addieren sich oder verringern sich durch Subtraktion.) Nur die Änderungskarten vom 4./5. 11. konnten in Figur 6 wiedergegeben werden.

Dabei zeigt sich in der 800- über der 1000 mb-Fläche vom 1. bis 4. 11. eine ausgesprochen geringe Isopletendichte, d. h., daß die geringen mittleren Temperaturänderungen der untersten 2000 m in keinem Verhältnis zu denen der 500 mb-Topographie stehen. Die Fälschung der freien Atmosphärentemperaturen durch die Einwirkung des Erdbodens ist hierfür nur zum Teil, offenbar jedoch nicht entscheidend verantwortlich. Dagegen geht aus den Änderungskarten der 500- über der 800 mb-Fläche hervor, daß die Temperaturänderungen unterhalb der 500 m-Fläche ihren „Sitz“ zwischen 2000 und 5000 m haben. Die troposphärischen Massenverlagerungen geschehen hier also nicht in Bodennähe, sondern in Höhen über 2000 m. Im allgemeinen zeigt die relative Topographie der 500- über der 800 mb-Fläche alle zur Entstehung des 5 b-Tiefs erforderlichen Vorbedingungen wesentlich idealer als die durch Bodenreibung noch gestörte Gesamttopographie der 500 mb-Fläche.

Für den 5. 11., den Tag der fertigen Neubildung, zeigt die relative Topographie 800—500 mb die idealen Verhältnisse besser an als die relative Topographie

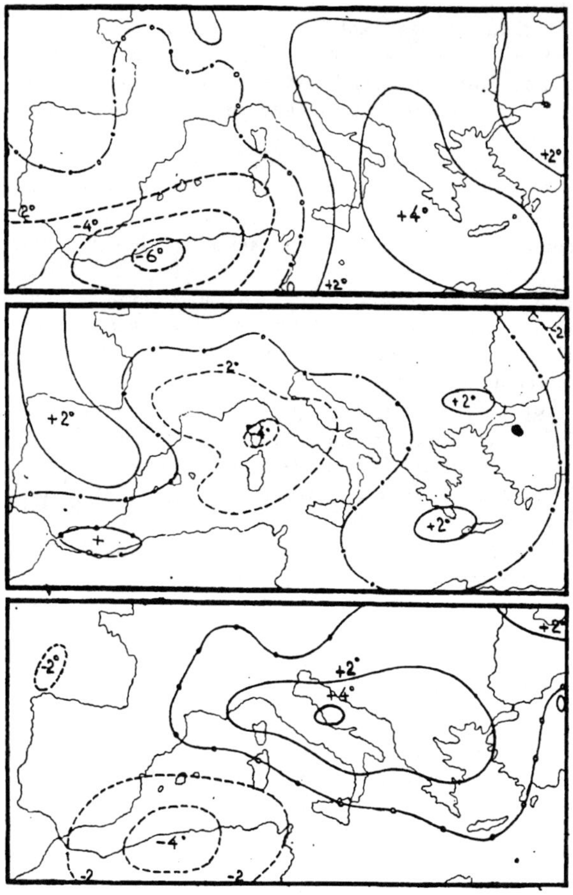

Fig. 6. 24 tdg. Änderung der rel. Topogr. vom 4.—5. XI. 1941. Oben 1000 – 500 mb, Mitte: 800 – 500 mb, Unten: 1000 – 800 mb

1000—500 mb: Der Kaltlufttropfen liegt bei jener nicht n o r d westlich des südfranzösischen Berglandes, sondern bereits genau darüber; die stärkste Drängung der Isothermen, also auch das Konvergenzgebiet der Höhenströmung (Figur 3), liegt über Nordostspanien und dem westlichen Mittelmeer; die Divergenz der Isothermen, also das „Delta" der Frontalzone, ist zwischen 800 und 500 mb viel besser ausgeprägt und zeigt über der Adria und Ungarn eine nahezu ideale Form (dreistündig fallend 6 mb über der nördlichen Adria). Die a b s o l u t e Topographie der 500-mb-Fläche (Figur 3) weist zwar auch die Isobarendivergenz auf, jedoch sind die Idealverhältnisse durch die relative 800—500 mb gegeben.

Die unterste 2000 m-Schicht zeigt am 4. 11., dem Tag vor der Neubildung, nur ein Temperaturänderungsgebiet von minus 0 Grad. Diese Tatsache enttäuscht insofern, als bei den meisten 5 b-Bildungen der Einbruch der Kaltluft durch das Rhonetal südwärts in Bodennähe am stärksten ist und auch in der Bodenwetterkarte durch scharfe Kaltfronten deutlich zu erkennen ist. Davon abweichend zeigt im vorliegenden Falle die Karte 6 die idealen Verhältnisse zwischen 800 und 500 mb: Das Abkühlungsgebiet von 4 Grad liegt am 4. früh genau über dem Golf von Genua und ist besser als das Abkühlungsgebiet 1000—500 mb als Kriterium für die kurz bevorstehende Neubildung im mittleren Mittelmeer geeignet. Auch zeigt ein Vergleich der Zugstraßen in Figur 4 und Figur 5, daß die Zentren des Kaltlufttropfens und des Abkühlungsgebietes bis zum 3. 11. genau zusammenfallen, daß mit der Verzögerung des Kaltlufttropfens jedoch vom 4. 11. ab das Abkühlungsgebiet um die Entfernung von zwei Tagen vorauseilt.

Die Bahn des Kalttropfens der gesamten 1000—500-mb-Schicht fällt mit der Bahn der 800—500 mb-Schicht bis zum 4. 11. zusammen (Figuren 4 und 5), jedoch zeigt sich, daß danach die Kaltluft der letzteren Schicht vorauseilt. Die Abkühlungsgebiete weisen diesen Effekt nicht auf. Aber es weichen auch deren Zugbahnen voneinander entscheidend ab: Bei der 800—500 mb-Topographie zieht das Abkühlungsgebiet am 3. 11. nicht, wie das der 1000—500 mb-Schicht, über die untere Loire, sondern „planmäßig" von Westdeutschland kommend das Rhonetal abwärts zur Riviera. Auch hier erfüllen die höheren Troposphärenschichten die allgemeinen Forderungen besser.

Die Zugstraße führt in diesen Schichten am 5. über Korsika und am 6. zum Ionischen Meere auf einer zu erwartenden geraden Linie weiter. Dagegen zeigt sich bei der Zugstraße der Figur 5 am 5. 11. eine auffällige Abweichung, indem das Abkühlungsgebiet von 6 Grad über Algier liegt. Die Begründung dafür ist aus der Karte der unteren 2000 m ersichtlich: Hier liegt ein bodennahes Abkühlungsgebiet von 4 Grad über dem Atlas, das oberhalb 2000 m nicht vorhanden ist. Die Bodenwetterkarte zeigt an diesem Tage eine Aktivierung der arktischen Bodenkaltluft an, die bis zum 4. nur wenig bewegt im westlichen Mittelmeer verharrt hat und nun mit der Bildung des kräftigen 5 b-Tiefs erneut mit Richtung auf die Atlasküste in Bewegung gesetzt wird. Das gesamte Bodenfrontensystem erfährt an diesem Tage eine neue Belebung. Dieser und der folgende Tag sind die einzigen, an denen die bodennahen Schichten stärker temperaturändernd mitspielen.

Auffällig ist auch für den 5. die Merkwürdigkeit, daß die troposhärische Erwärmung im Bereich des neuen 5 b-Warmsektors über der Adria und dem Balkan ihren „Sitz" in den unteren 2000 m-Schichten hat (plus 4 Grad) und darüber nur geringe Erwärmung (plus 2 Grad) beobachtet werden kann. Über Mittel- und Norditalien sowie Korsika liegt sogar ein Erwärmungsgebiet von über 2 Grad u n t e r einem gleichstarken Abkühlungsgebiet der 2000—5000 m-Schicht, so daß die Temperaturänderung der gesamten Troposphäre gleich Null wird.

In allen Lebensabschnitten des für die Zyklogenese entscheidenden Kaltlufttropfens sind also die Höhenschichten zwischen 800 und 500 mb die idealen und ausschlaggebenden. Daß die bodennahen Schichten nicht mitspielen, hat seinen Grund darin, daß die kontinental-arktische Kaltluft schon vor dem 31. 10. über Mittel- und Westeuropa lag und bei unscharfer Massen- und Obergrenze bis einschließlich 4. 11. nur wenig bewegt war. Die Aufgabe vorliegender Darstellung bestand darin, für diesen S o n d e r f a l l die entscheidenden Energien in höheren Schichten zu finden. Daß es sich dabei nicht nur um einen Rückgang der aktuellen Temperaturen, sondern um völlig anders geartete Kaltmassen handelt, die in den höheren Schichten herangeführt wurden, ist aus den mittels Radiosondenaufstiegen gewonnenen Äquipots von Marseille (Feuchtemessungen liegen hier vor) zu erkennen:

Datum	1000	900	800	700	600	500	400 mb
2. 11.	15°	18	20	24	30	32	34°
4. 11.	1°	16	15	16	21	24	30
5. 11.	12°	12	19	20	20	24	30

Mit dem Einbruch der Kaltluft zeigt sich unterhalb 850 mb zwischen 2. und 4. keine Änderung, zwischen 850 und 500 mb jedoch eine Abnahme der Äquipots um 8 bis 10 Grad, oberhalb 450 mb wiederum nur geringe Änderung; also ist auch hieraus ein Massenwechsel in den höheren Schichten ersichtlich. Die Änderungen bis zum 5. sind in Marseille dann nur noch geringfügig.

Die am 22. 10. eingeleitete 5 b-Serie findet mit diesem dritten Glied rasch ihren Abschluß: Die Neubildung zieht, der troposphärischen Temperaturverteilung und der Höhenströmung folgend und diese ständig umgestaltend, nach Nordosten, liegt am 6. 11. unter Beschränkung seines Niederschlagsgebietes auf Österreich und dem südlichen Polen, mit seinem Zentrum über den Beskiden und am 7. als bedeutungsloses Resttief, seinem Vorgänger ähnlich, über dem westlichen Mittelrußland. Die führende Rolle übernimmt ein aus dem Nordmeer stammendes Tief, das unter rascher Entwicklung zum Sturmwirbel über Mittelskandinavien nach Südosten zieht. Auf seiner Rückseite entsteht das erste stationäre Hochdruckgebiet des Winters über Mittelrußland.

IV. Höhenströmung und Fortbewegung

Wie bei den meisten 5 b-Lagen, die nicht als Sturmwirbel ausgebildet sind, ein serienweises Auftreten zu beobachten ist, so treten hier drei Glieder der Serie auf. Dabei ist neben dem ersten auch das zweite Glied der Serie eine selbständige, nämlich nach Abschluß der ersten aus einer dazwischenliegenden Nordwestlage vollkommen neu beginnende 5 b-Entwicklung, also schon beinahe eine neue Serie. Das dritte Tief entwickelt sich dagegen aus der Vorwetterlage des zweiten, indem der Kaltlufttropfen, der am 30. 10. nördlich der Alpen liegengeblieben war, nach Westen in Bewegung gerät und die Kaltluft für das dritte Tief liefert. Die Zwischenzeiten betragen 7 und 5 Tage.

Der orographische Einfluß der Alpen macht sich darin bemerkbar, daß die Kaltluft durch das Gebirgsmassiv entweder nach Südwesten in Richtung Rhonetal oder nach Osten entlang dem Nordrand abgeleitet wird. Je nach der vorgegebenen Höhendruckverteilung treten dann Druckfall in Oberitalien oder im Alpenraum sowie Fortbewegung ein.

Die Höhenkarten der absoluten Topographie sind sich, da es sich nur um nicht stationär werdende Tiefs handelt, während der 16tägigen Serie sehr ähnlich und zeigen, wie alle 5 b-Lagen, einen großen Tiefdrucktrog der Troposphäre, dessen Südteil das meist selbständige Höhentief, aus der Kaltluft gebildet, über Süddeutschland, Südfrankreich oder Oberitalien ist. Als Vorbedingung für die Kaltluftzufuhr aus nordwestlicher bis nordöstlicher Richtung gilt das warme stationäre Höhenhoch über dem östlichen Nordatlantik, das vom 22. bis 30. 10. westlich Irlands beständig bleibt, danach sich nordwärts in Richtung Island verlagert (Figur 1) und mit der am 5. beginnenden Südwärtsbewegung (Figur 3) den Abschluß der Serie einleitet. Ihm gegenüber steht das beständige Wärmehoch über dem östlichen Nordafrika bis Kleinasien, auf dessen Westseite südwestliche Höhenströmung besteht, die das rasche Fortschreiten der Steig- und Fallgebiete gewährleistet. Die 5 b-Situation ist nur während der Zwischenepoche (Unterbrechung durch Westwetter) vom 26. bis 30. nicht vorhanden. Daß sie in der zweiten Zwischenepoche erhalten blieb, gab den ersten Hinweis auf eine zu erwartende dritte Vertiefung (5. 11.).

Der Kaltluftzufluß aus Norden stellt die Troglage im Alpenraum her (23. 10.), vertieft bei der zweiten Entwicklung die schon vorhandene Ausbuchtung der Höhenisobaren zu dem selbständigen Höhentief über Deutschland (29./30. 10.) und verschiebt im dritten Falle dieses bereits selbständige Höhentief nach Ost- und Südfrankreich (Figur 3). Mit dem Einfließen der Kaltluft ins westliche Mittelmeer bzw. nach Ungarn (Fall 2) werden die vorher westöstlich gerichteten Isobaren auf südwestliche Richtung umgestellt (24. 10.), oder es tritt eine Drängung der Isobaren über dem westlichen Mittelmeer und das Divergieren über Dalmatien Ungarn (5.11., Figur 3) bzw. über Ungarn—Polen ein (31. 10., Figur 1). Dieser aus nördlicher Richtung nach dem mittleren Mittelmeerraum gerichtete troposphärische Trog scheint bei allen 5 b-Lagen, im einzelnen variiert, vorhanden zu sein. Die südwestliche Höhenströmung gewährleistet dabei jeweils die Fortbewegung vom Genuagolf auf der 5 b-Straße nach Nordosten. Am 31. 10. bis 1. 11. ist ein Beispiel für den Fall vorhanden, wie infolge Rückdrehens der Höhenströmung auf Südost ein Teil des am 31. 10. entstandenen Tiefs sich selbständig macht, am 1. 11. über Sachsen und Franken liegt und bis zum 2. 11., zur Rinne abschwächend (umgebogene Okklusion), über Mitteldeutschland liegenbleibt*). Die Hauptfallgebiete ziehen jedoch nach Nordosten, so daß jenes Teiltief ohne weitere Nahrung von irgendeiner Seite bald an Ort und Stelle aufgelöst ist. Mit dem Auffüllen und Fortwandern des Kältegebietes ist häufig bereits am Tage nach der Vertiefung (7. 11.) die Troglage beseitigt und der Abschluß einer Serie vollzogen.

Bei allen drei hier besprochenen Vertiefungen ist der Anteil von Warmluft unwesentlich, nur am 30./31. 10. verschärft die über Ungarn und Karpaten nordwärts vorstoßende Warmluft die Frontalzone. Ihre Anwesenheit ist zwar zur Bildung des Wärmehochs im Südosten für die Ausgangswetterlage jeweils erforderlich, aber entscheidend für die 5 b-Entwicklung sind immer Anteil und Aufbau der Kaltluft.

Anschrift des Verfassers: Weimar, Thüringische Landeswetterwarte.

*) Vergl. auch: *H. Knothe* und *O. Moese*, Meteorologische Ursachen des schlesischen Maihochwassers 1939. Schlesische Gesellschaft für vaterländische Kultur. 1939 Breslau.

Der Eisdienst in Mecklenburg

Mit 6 Abbildungen

Von Joachim Blüthgen

Die Vereisung der Binnen- und Küstengewässer greift tief in das Wirtschaftsleben ein. Die Schiffahrt, der mengenmäßig oft entscheidende Zubringer von Schwer- und Massengütern wie Erzen, Baustoffen, Kohle, Koks, Holz, Getreide, Zuckerrüben, Düngemitteln u. a. m., wird durch sie lahmgelegt. Ihre Funktionen müssen von dem zwar schnelleren, aber viel kostspieligeren und mengenmäßig weniger leistungsfähigen Eisenbahn- und Kraftverkehr zusätzlich mit übernommen werden, soweit es sich um unentbehrliche Güter handelt, deren Versand nicht bis zur Wiederaufnahme der Schiffahrt hinausgeschoben werden kann. Die Lahmlegung des Schiffsverkehrs erfolgt bereits dann, wenn die Häfen, Anlegestellen, Verladeeinrichtungen des Eises wegen unzugänglich bzw. unbenutzbar geworden sind, also in den meisten Fällen schon zu einem Zeitpunkte, wenn von einer Vereisung der eigentlichen Wasserstraßen noch gar keine Rede zu sein braucht. Für die Bewertung der Eislage und der voraussichtlichen Dauer der Schiffahrtssperre ist dieser Gesichtspunkt immerhin nicht unwichtig. Bei Häfen, die an Flußmündungen einige Kilometer landeinwärts gelegen sind, genügt es unter Umständen in einem solchen Falle noch eine Zeitlang, wenn der Schiffsverkehr in einem Außenhafen, der erst später vereist, endet, von wo aus der Landweg zum Umschlagsort immerhin nur kurz ist. In einer solchen Lage befinden sich viele Hafenstädte an Flußmündungen, nicht nur in Deutschland (z. B. Lübeck-Travemünde, Rostock-Warnemünde, Greifswald-Wieck), sondern in wirtschaftsgeographisch geradezu klassischer Ausprägung die den Bottnischen Meerbusen säumenden nordeuropäischen Erz- und Holzexporthäfen (Luleå-Svartö Piteå-Munksund, Umeå- Holmsund, Vasa-Vasklot usw.), wenn auch für ihre Anlage andere Gründe als die der Zugänglichkeit bei Eis maßgebend waren. Ganz besonders einschneidend fällt die Eissperre ins Gewicht, wenn das Ausweichen der Massengüter auf den Bahn- und Kraftverkehr oder die rechtzeitige Bevorratung nicht oder nur ganz beschränkt möglich ist. Das ist aber unter den derzeitigen Nachkriegsverhältnissen weitgehend und für jeden schmerzlich spürbar der Fall.

Die Gütertransporte auf den Kanälen sind am ersten bedroht, weil diese Wasserstraßen kaum Strömung aufweisen. Außerdem sind Schleusenanlagen gegenüber Vereisung empfindlich und eher unbenutzbar als die freie Kanalstrecke selbst. Relativ spät tritt die Eisbehinderung auf strömenden Flußläufen ein, oft jedoch überraschend durch Eistreiben vom Oberlauf her. Vielfach hat die Eisbildung im winterkälteren Teil des Einzugsgebietes schon begonnen und Eistreiben eingesetzt, wenn im Unterlauf noch offene Witterung herrscht. Bei Elbe und Oder ist mit solchen regionalen Witterungsgegensätzen in jedem Winter zu rechnen. Man darf daher bei der Beurteilung der Benutzbarkeit der Schiffahrtswege im norddeutschen Tieflande nicht allein von der Entwicklung der atmosphärischen Vereisungsbedingungen in diesem Gebiet selbst ausgehen, denn für Westosttransporte, die z. B. die Elbe streckenweise benutzen müssen, kann Eistreiben vom Elb-Oberlauf her bereits eine Unterbrechung des Schiffsverkehrs herbeiführen. Ähnliches kann zwischen Großschiffahrtsweg und Unteroder eintreten.

Relativ lange sind die Küstengewässer offen, wenn auch z. B. die flachen und salzarmen Boddengewässer um Rügen in vielen Wintern bereits fest vereist sind, bevor an der ungegliederten Außenküste Mecklenburgs von Poel bis Zingst überhaupt nennenswert Eis erscheint und bevor Elbe und Oder Eisstand aufweisen. Der relativ günstigen Lage Warnemündes als lange zugänglichen Außenhafens für den Küstenverkehr sowie für den Fährverkehr nach Gedser (Falster) kommt große wirtschaftliche Bedeutung zu. Ein nicht ganz vollwertiges Äquivalent für Vorpommern stellt Saßnitz dar, das durch die in der Pommerschen Bucht bei Kälteperioden angesammelten Treibeismengen je nach Windrichtung mehr oder weniger ernsthaft blockiert wird. Überhaupt sind die Gewässer westlich Arkona vom Standpunkt der Eisbehinderung aus im Normalwinter für die Schiffahrt günstiger als die östlich und südöstlich sich anschließenden Seegebiete. Da die Küstenschiffahrt normalerweise die geschützten Boddengewässer zwischen Barth—Stralsund—Hiddensee — Greifswald — Lauterbach — Peenemünde—Wolgast—Anklam—Ückermünde und früher weiter bis Stettin benutzt hat, läßt sich das Maß der Abhängigkeit dieser Verkehrsform von den Eisverhältnissen leicht abschätzen. Hinzu kommt, daß nicht allein die Zugänglichkeit der Anlegeplätze über die Aufrechterhaltung des Verkehrs entscheidet, sondern auch treibende Eisschollen in den Boddengewässern eine ernste Gefahr, etwa im Frühjahr, nach erfolgtem Aufgang der Häfen selbst darstellen; die ausgebaggerten Schiffahrtsrinnen des an Untiefen reichen Greifswalder Boddens erlauben nämlich Schiffen mit größerem Tiefgang nicht jene Beweglichkeit und Ausweichmöglichkeit, wie es bei der Fahrt in leichtem, an sich bequem zu bewältigendem Treibeis in tieferen Gewässern der Fall ist. Schiffe, die im Eise festgeraten, laufen Gefahr, bei Eispressungen unter dem in der Regel unterschätzten seitlichen Druck der Eisschollen leck bzw. regelrecht eingedrückt zu werden, oder sie geraten, ihrer selbständigen Beweglichkeit beraubt, auf Strand. Eine weitere indirekte Gefahr entsteht durch Losreißen, Versetzen, Beschädigen oder völliges Zerstören von Seezeichen in Gewässern mit ohnehin schwierigen Navigationsbedingungen. In fließenden Gewässern sind Uferbefestigungen, Hafenanlagen, Schleusen, Wehre und Brückenpfeiler dem Anprall des Treib- und Packeises ausgesetzt; die den Brückenpfeilern vielfach stromaufwärts vorgebauten Eisbrecher sind bereits Schutzmaßnahmen dieser Art.

Außer der Einflußnahme auf die Schiffahrt muß die eisbedingte Umstellung der Fischerei als Wirtschaftszweig, der dem Zugriff des Eises unterworfen ist, erwähnt werden. Die in der Regel kleinen Fischerboote sind schon bei leichtem Neueis in den Häfen blockiert, und es vergeht sodann meist eine nach der Frostintensität bemessene längere Zeit, bis das Eis tragfähig genug ist, um die Aufnahme der Eisfischerei zu ermöglichen, die dann einen, wenn auch weit weniger ergiebigen Ersatz für den Bootsfang darstellt. Immerhin ist sie auch in den Boddengewässern der deutschen Ostseeküste örtlich nicht unwichtig, wenn auch ihre eigentlichen und ertragsreicheren Betätigungsfelder die Eisflächen der Bottenwiek, Bottensee, des Schärenmeeres, des inneren Finnischen Meerbusens und der Küsteneissäume um den Rigaer Busen darstellen.

So wie die Eisfischerei einen bescheidenen Ausgleich für die Bootsfischerei bietet, abhängig von der Ausbildung einer genügend weit reichenden und tragfähigen Eisdecke, bedient sich auch der Verkehr mit Fuhrwerken stellenweise der Eisdecke, um den gesperrten Schiffsverkehr zu ersetzen. Bei starkem Festeis wird der Strelasund zwischen Stralsund und der Insel Rügen mit Fuhrwerk befahren, ebenso kann dann Hiddensee zu Fuß erreicht werden. Derartige Beispiele eisbedingter Verkehrserleichterungen gäbe es im Bereich der vielgegliederten vorpommerschen Küste viele.

Insgesamt betrachtet, mögen diese summarischen Hinweise auf die vielfältigen Wechselbeziehungen zwischen den Eisverhältnissen und den wirtschaftlichen Belangen genügen, um die Aktualität eines Netzes von Eismelde- und -beobachtungsstellen zu begründen. Aus der Verknüpfung der Eisbeobachtungen mit den Wettermeldungen resultiert die Möglichkeit einer Vorhersage der Eisentwicklung. Bereits seit 1896 (1903 teilweise, 1919 ganz übernommen von der Deutschen Seewarte) bestand in Hamburg ein Eisdienst, dessen Beobachtungsergebnisse seit 1904 alljährlich in Zusammenfassung für den voraufgegangenen Winter in den „Annalen der Hydrographie usw.", seit 1929 ferner in der Zeitschrift „Der Pilot" und seit 1932 in der Zeitschrift „Der Seewart" veröffentlicht wurden. Seit 1922/23 erschien bei der Seewarte ein Täglicher Eisbericht nebst Eisübersichtskarte für die gesamte Ostsee und nordöstliche Nordsee, nach der Schlüsseländerung (Übernahme des sogenannten Baltischen Eisschlüssels im Winter 1928/29) erfolgte die Herausgabe in der bis zum Kriegsende 1945 gültigen Form. Abgesehen vom Kaiser-Wilhelm-Kanal, für dessen fünf Meldegebiete auch ein besonderer Eismeldeschlüssel gilt, wurden innerhalb dieses von der Deutschen Seewarte organisierten und betreuten Eisdienstes nur Küstenstationen sowie küstennahe Häfen an Flußmündungen herangezogen (Hafenämter, Lotsenstationen, Signalstellen, Sturmwarnungsstellen usf.). In Einzeltelegrammen oder Sammeltelegrammen mit vereinfachter Reihenfolge gelangten die Eismeldungen, z. T. ergänzt durch sogenannte „Wobs"-Angaben, d. h. Wassertemperatur-Observationen, an ihren Empfänger. Nähere Angaben, als sie der Baltische Eisschlüssel zuläßt, wurden von den Beobachtern in die „Monatsberichte" eingetragen, die ergiebigste Quelle für wissenschaftliche Bearbeitungen der Eisverhältnisse.

Ein besonderer Eisdienst für die Binnenschiffahrt bestand nicht. Die Eisbeobachtungen an Binnengewässern erfolgten bisher lediglich im Rahmen der Pegelvorschrift an den Pegelstationen 1. und 2. Ordnung; diese Vorschrift sah nur eine sehr summarische Beobachtung der Eiszustände vor, und die in den Jahrbüchern der Landesanstalt für Gewässerkunde in Form von Fußnoten bei den jeweiligen Pegelmeßstellen veröffentlichten Eisangaben sind praktisch kaum nutzbringend auszuwerten. Sie stehen in krassem Mißverhältnis sowohl zu dem reichlichen Beobachtungsmaterial, das die Seewarte angesammelt und verarbeitet hat, wie zu der eingangs angedeuteten einschneidenden Bedeutung auch der Binneneisverhältnisse für Verkehr und Wirtschaft.

Die wissenschaftliche Bearbeitung des Eisbeobachtungsmaterials an der Deutschen Seewarte erfolgte sowohl in zusammenfassenden Berichten über die Eisverhältnisse mehrerer Winter wie auch in der Behandlung von Spezialfragen der Vereisung, singulären Eiswintern und in regionalen Monographien der Eisverhältnisse einzelner Teilgebiete der Ostsee. Bis zum zweiten Weltkrieg bestand eine fruchtbare Zusammenarbeit der Anliegerstaaten der Ostsee auf dem Gebiete des Eismeldewesens, die u. a. in den Verhandlungen und Berichten der Hydrologischen Konferenzen der Baltischen Staaten erschöpfenden Niederschlag fand.

Der Ausgang des zweiten Weltkrieges brachte für Deutschland auch eine Unterbrechung des Eismeldewesens mit sich. Auf Beschluß des Alliierten Kontrollrates vom Herbst 1945 wurde der hydrometeorologische Dienst in allen Besatzungszonen wieder aufgenommen bzw. konnte er neu aufgebaut werden. Damit waren auch die Voraussetzungen für die Wiederbelebung des Eisdienstes gegeben. Allerdings bestanden und bestehen, von unvermeidlichen technischen Engpässen (Zerstörung von Signalstellen, Personalverschiebungen, fehlende Nachrichtenverbindungen usw.) abgesehen, noch Hindernisse, die sich aus den Zonengrenzen ergeben; teilt sich doch das verbliebene deutsche Ostseeküstengebiet auf zwei Zonen, die britische und die russische, auf. In Hamburg ist für die britischer Kontrolle unterstehenden deutschen Küsten das aus der ehemaligen Deutschen Seewarte (Nautische Abteilung) und dem ehemaligen Marineobservatorium (Hydrographische Abteilung) in Wilhelmshaven (später, ab 1941, in Greifswald) gebildete Deutsche Hydrographische Institut die jetzt für den Eisdienst dieser Zone zuständige Stelle (Sachbearbeiter: Prof. Dr. J. Büdel und Dr. F. Nusser). Die Eisbeobachtungen werden hier für 65 Meldegebiete, davon 5 am Kaiser-Wilhelm-Kanal, nach dem vor Kriegsende gehandhabten Verfahren weitergeführt.

In Mecklenburg-Vorpommern hat das dem Landeswetterdienst angehörende Ostsee-Observatorium Greifswald (Sachbearbeiter: Dozent Dr. J. Blüthgen) die Aufgaben des Eisdienstes für die unter russischer Besatzungskontrolle stehende deutsche Ostseeküste (von der Travemündung bis hart westlich Swinemünde bzw. Neuwarp am Stettiner Haff [vgl. Abb. 6]) übernommen. Zwischen beiden Institutionen ist eine Zusammenarbeit vereinbart worden, die den Austausch der beiderseitigen Eisbeobachtungen vorsieht und die wissenschaftliche Bearbeitung erleichtert. Auf diese Weise sind die zonenbedingten Unterschiede auf ein erträgliches Maß vermindert und der Eisvorhersage die notwendige breitere Beobachtungsbasis, besonders für die schleswig-holsteinischen Küsten, aber auch für die Unterelbe, geboten.

Die zwangsläufige Unterbrechung des Eisdienstes im Gefolge des Kriegsendes hat es ratsam erscheinen lassen, den Eisschlüssel nach den bisherigen Erfahrungen einer Überprüfung zu unterziehen, um gegebenenfalls beim Neuaufbau des Eisdienstes gewisse Verbesserungen von vornherein zu berücksichtigen. Schon früher hatte sich die fehlende Kenntnis der für eine Eisvorhersage wichtigen Wassertemperatur störend bemerkbar gemacht, und noch während des zweiten Weltkrieges sind Wassertemperaturbeobachtungen getrennt in den Schlüssel des Eisdienstes aufgenommen worden. Der verwendete Baltische Eisschlüssel erfaßt nun allerdings, wie wiederholte wissenschaftliche Bearbeitungen der Eisverhältnisse erwiesen haben, manche Eistatbestände nur sehr unzureichend, seien sie nun mehr örtlicher Natur oder die Folge besonderer Witterungsereignisse. Es wurde daher ein erweiterter Küsteneisschlüssel mit zwei fünfstelligen Ziffern angewandt, der folgendes Aussehen hat:

$$JJJ\frac{TT}{DD}ESLM_FM_T.$$

Das Eistelegramm enthält zu Beginn das Kennwort „Avioeis" in Anlehnung an die meteorologischen „Avio"telegramme.

Die Buchstaben bedeuten:

JJJ = Kennziffer der Station,

TT/DD = Temperatur des Oberflächenwassers in zehntel C-Grad, wobei Unterkühlungen auf Minuswerte mit 50 und darüber verschlüsselt werden (z. B. — 0.7° = 57); bzw. (DD) Eisstärke in cm;

E = Eisverhältnisse nach folgenden 10 Hauptarten:
- 0 = Eisfrei,
- 1 = Neueis oder loser Eisbrei,
- 2 = Festeis (bis 15 cm dick),
- 3 = Treibeis (Schollen bis 15 cm dick),
- 4 = Zusammengeschobener Eisbrei oder dichte Treibeisstreifen,
- 5 = Offene Seerinne längs der Küste,
- 6 = Starkes Festeis (über 15 cm dick),
- 7 = Starkes Treibeis (Schollen über 15 cm dick),
- 8 = Packeis,
- 9 = Eispressung;

S = Schiffahrtsverhältnisse nach folgenden 10 Behinderungsgraden:
- 0 = Schiffahrt durch Eis behindert,
- 1 = Für Dampfer keine Eisbehinderung,
- 2 = Schiffahrt für schwache Dampfer durch Eis erschwert,
- 3 = Schiffahrt infolge Eis nur für starke Dampfer möglich,
- 4 = Schiffahrt nur für eisverstärkte Dampfer möglich,
- 5 = Schiffahrt wird durch Eisbrecher aufrechterhalten,
- 6 = Fahrrinne im Eis vorhanden,
- 7 = Schiffahrt hat infolge Eis vorläufig aufgehört,
- 8 = Schiffahrt hat wegen Vereisung aufgehört,
- 9 = Schiffahrtsverhältnisse unsichtigen Wetters wegen nicht zu erkennen;

L = Lokale Besonderheiten nach folgenden 10 Tatbeständen:
- 0 = Eisbildung durch Strömung behindert,
- 1 = Eisbildung durch Auftrieb behindert,
- 2 = Eisbildung durch industrielle Abwässer behindert,
- 3 = Festvereisung durch Schiffsverkehr behindert,
- 4 = Eisaufbruch durch Wasserstandsänderung,
- 5 = Eisaufbruch durch Schiffsverkehr,
- 6 = Eisbildung aus Schneebrei (Schnee-Eis),
- 7 = Eiszuwachs durch vorübergehend nasse, anfrierende Schneedecke,
- 8 = Festeisdecke mit offenen Löchern und Waken,
- 9 = keine lokalen Besonderheiten;

M_F = Breite des Festeises nach folgenden 10 Stufen:
- 0 = kein Festeis,
- 1 = Festeissaum bis 20 m,
- 2 = Festeissaum von 20 bis 100 m,
- 3 = Festeissaum von 100 bis 300 m,
- 4 = Festeissaum von 300 bis 1000 m,
- 5 = Festeissaum von 1 bis 2 km,
- 6 = Festeissaum von 2 bis 5 km,
- 7 = Festeissaum von 5 bis 10 km,
- 8 = Festeissaum über 10 km,
- 9 = Festeissaum nicht erkennbar;

M_T = Menge des Treibeises nach folgenden 10 Stufen:
- 0 = kein Treibeis,
- 1 = bis $^2/_{10}$ der sichtbaren Seefläche bedeckt,
- 2 = bis $^3/_{10}$ der sichtbaren Seefläche bedeckt,
- 3 = bis $^4/_{10}$ der sichtbaren Seefläche bedeckt,
- 4 = bis $^5/_{10}$ der sichtbaren Seefläche bedeckt,
- 5 = bis $^6/_{10}$ der sichtbaren Seefläche bedeckt,
- 6 = bis $^7/_{10}$ der sichtbaren Seefläche bedeckt,
- 7 = bis $^8/_{10}$ der sichtbaren Seefläche bedeckt,
- 8 = über $^8/_{10}$ der sichtbaren Seefläche bedeckt,
- 9 = Menge des Treibeises wegen Nebel oder Dunkelheit nicht erkennbar.

Die Ziffern der Reihen E und S sind identisch mit dem Baltischen Eisschlüssel; auf diese Weise wurde eine Inhomogenität den bisherigen Meldungen gegenüber vermieden und der Austausch der Beobachtungen mit anderen Zonen und Ländern, die unverändert nach der bisherigen Baltischen Eischiffre arbeiten, in keiner Weise beeinträchtigt. Die systematische Erfassung der Wassertemperatur mit jeder Meldung ist neu, sie ist jedoch nur zum Beginn und zum Ende der Eisperiode wichtig, während sie eisprognostisch zur Zeit des Hochwinters mit Eisbedeckung unwesentlich ist. Allerdings muß hierzu bemerkt werden, daß bei gewissen Wetterlagen mit ablandigen Winden an freier Außenküste auch während der Eisperiode vorübergehende Temperaturanstiege im Oberflächenwasser auftreten können, die ein wichtiges Kriterium für Auftriebserscheinungen darstellen. Wenn daher die Temperaturangabe unter TT während der Eisperiode durch die Angabe der Eisstärke in cm (DD) ersetzt wird, so wird damit also auf die Möglichkeit verzichtet, die erwähnten Auftriebserscheinungen wärmeren Tiefenwassers thermometrisch zu belegen. Das betrifft allerdings nur die synoptische Eismeldung mittels des Eisschlüssels, in der täglichen Eintragung der Beobachtungen in die Monatstabelle, von der ein Muster in Abb. 1 beigefügt ist, erscheinen selbstverständlich Eisstärke und Wassertemperatur gleichzeitig. In den Anfangs- und Schlußzeiten der Eisperiode kann die Eisstärke im Telegramm nur als Klartext abgesetzt werden, und zwar zweimal wöchentlich (Dienstag und Freitag). An diesen Tagen, beiläufig bemerkt, den gleichen, an denen auch das Meeresforschungsinstitut in Helsingfors Eiskarten zeichnet, wird im Ostsee-Observatorium eine Eiskarte entworfen, und zwar werden die Eisverhältnisse mit blauer Tinte und den geläufigen, auch in der Hamburger Eiskarte bisher verwendeten Eissignaturen in die synoptische Deutschlandkarte zum Morgentermin mit eingetragen. Dazu werden in einem Kästchen die Ziffern der Reihe E, S und L bei dem betreffenden

Landeswetterdienst Mecklenburg

Station: **Saßnitz** | **Monatstabelle für Eisbeobachtungen an Küstenstationen** | Ostsee-Obs. Greifswald geprüft am **15. II. 19XX**

Kennziffer: **283** | Länge. 13° 38 E Breite: 54° 31′ N | Beobachter: **Schulz** | *Müller* (Unterschrift)

Monat **Januar 19XX** | Termin morgens 08⁰⁰ MEZ

~~Meteorol. Station~~ — Klimastation — ~~Niederschlagsmeßstelle~~ — Pegelmeßstelle — Hafenamt — Sturmwarnungsstelle
(Nichtzutreffendes streichen)

Tag	Eisverhältnisse										Schiffahrtsverhältnisse										Lokale Besonderheiten										MF	MT	TT	Bemerkungen
	0	1	2	3	4	5	6	7	8	9	0	1	2	3	4	5	6	7	8	9	0	1	2	3	4	5	6	7	8	9	100 m	1/10	C°	(ggfs in Fußnoten)
1.							X										X												X		2		–0.2	Eisstärke 8 cm
2.						X	X										X												X		2		–0.1	
3.																	X														2		–0.2	
4.						X	X										X														3		–0.2	Eisstärke 12 cm
5.									X									X													2		–0.2	
6.									X	X									X						X						2		–0.2	1)
7.								X											X												1	4	–0.3	
8.								X												X											1	8	–0.1	2)
9.				X										X							X											6	–0.1	3)
10.				X											X																	4	0.0	
11.					X											X												X			3		0.0	
12.		X											X																		1	2	0.0	
13.	X										X																						0.1	
14.	X										X																						0.1	
15.	X										X																						0.2	
16.		X		X								X															X			X	1	2	0.1	4)
17.				X									X																		1	3	0.0	
18.			X	X										X																	2	1	0.0	
19.							X									X										X					4		–0.2	Eisstärke 18 cm
20.							X									X	X									X					4		–0.2	
21.							X									X	X										X	X			5		–0.3	Eisstärke 20 cm
22.							X			X									X												8		–0.3	5)
23.							X			X									X												8		–0.3	
24.							X			X									X												10		–0.2	
25.							X			X									X												10		–0.3	Eisstärke 28 cm
26.							X			X									X												10		–0.2	
27.							X			X									X												12		–0.2	
28.							X			X									X												15		–0.2	Eisstärke 32 cm
29.							X			X									X												15		–0.2	
30.							X			X									X												15		–0.2	
31.							X			X									X												15		–0.2	

Zahl d. Tage mit Eis überhaupt: 28	dto. mit Festeis: 17	dto. mit Treibeis: 8	dto mit Packeis: 13	Monatsmittel d. Wassertemp.: – 0.2

Bemerkungen: 1) **Eiseinbruch infolge SW Sturm am Nachmittag des 6. I.**
2) **Von See viel Eis herangetrieben**
3) **Eis größtenteils wieder weggetrieben**
4) **starker Schneefall voraufgegangen**
5) **einzelne Eiswälle von 2–3 m Höhe am Festeissaum**

Muster

Beispiele für abgesetzte Eistelegramme:

vom 16.: Avioeis 28301 31621

vom 21.: Avioeis 28353 66640 Eisstärke 20

Anmerkungen: Fehlende Beobachtungen sind frei zu lassen, gleichzeitig herrschende Zustände werden in die Tabelle eingetragen, zusätzliche oder Zwischenterminbeobachtungen unter „Bemerkungen". Eismenge (MF bzw. MT) wird unverschlüsselt in die Tabellen eingetragen, ebenso negative Wassertemperaturen (TT). Die Zahl der Tage mit Eis überhaupt ist nicht identisch, sondern meist niedriger als die Summe der Tage mit den einzelnen Eisarten, da letztere gleichzeitig vorkommen können. In den Spaltengruppen E, S und L werden alle jeweils zutreffenden Schlüsselziffern angekreuzt. Nach Monatsende ist die Tabelle an das Ostsee-Observatorium Greifswald, Robert-Blum Straße 8—10, einzusenden. Eine Durchschrift der Tabelle verbleibt bei der Station.

Abb. 1: Muster einer Monatstabelle für Eisbeobachtungen an Küstenstationen.

Seegebiet vermerkt, ebenfalls mit blauer Tinte. Die kryologischen (d. h. Eis-) Eintragungen heben sich daher von den übrigen meteorologischen Angaben bequem und ohne Verwechslungsgefahr ab.

Der wesentlichste Bestandteil der Erweiterung des Eisschlüssels sind die unter L (dritte Stelle der zweiten Fünfergruppe) als „Lokale Besonderheiten" erfaßten Tatbestände, die weder mit den Ziffern der Reihe E noch denen der Reihe S genügend gekennzeichnet werden können. Sie sind aufgestellt auf Grund der Erfahrungen wiederholter wissenschaftlicher Bearbeitungen. Nachstehend seien die Erläuterungen dieser Ziffern aus der vom Ostsee-Observatorium herausgegebenen „Anleitung für Eisbeobachtungen an Küstenstationen" wiedergegeben.

Erläuterungen zu den „Lokalen Besonderheiten"
(Schlüsselziffer L 0—9)

0 (Eisbildung durch Strömung behindert)

Daß wirklich die Strömung allein der eisbehindernde Faktor ist, kann nur durch Vergleichsbeobachtungen an, oft nur sehr kleinen geschützten, aber mit dem Hauptgewässer kommunizierenden Stillwasserstellen am Ufer, hinter Brücken, Molen, Dalben u. dgl. desselben Gewässers festgestellt werden. Erst wenn diese Stellen Vereisung zeigen, kann Ziffer 0 gegeben werden.

1 (Eisbildung durch Auftrieb behindert)

Nicht leicht feststellbar. Auftrieb wärmeren und salzreicheren, daher schwerer vereisenden Tiefenwassers ist anzunehmen, wenn die Wassertemperatur vorübergehend steigt, ablandige stärkere Winde wehen und das Oberflächenwasser wegtreiben. In seichten Gewässern fehlt diese Wirkung.

2 (Eisbildung durch industrielle Abwässer behindert)

Wasser aus Kanalisationsröhren, Fabriken, von Schiffen usw. sind nicht nur wärmer, sondern auch chemisch (Maschinenöl, Salze!) so verändert, daß durch ihre Beimischung örtlich eine Behinderung der Vereisung eintreten kann. Ihr Einfluß wird in der Regel jedoch eng begrenzt bleiben.

3 (Festvereisung durch Schiffsverkehr behindert)

Im Bereich von Häfen bzw. einzelnen Schiffswegen, die lebhaften Schiffsverkehr aufweisen, kann sich auch bei starkem, anhaltendem Frost nur schwer eine Festeisdecke bilden, weil die mechanische Zerstörung der Neueisbildungen und die Durchmischung des Wassers durch fahrende Schiffe der Festeisbildung entgegenwirken. Häfen sind daher meist auch bei starker Kälte mit Trümmereis erfüllt, das erst an verkehrsstillen Tagen zusammenfriert.

4 (Eisaufbruch durch Wasserstandsänderung)

Bei anhaltenden und starken ablandigen Winden sinkt in der Regel der Wasserstand beträchtlich. Eine bestehende Festeisdecke bricht dann am Ufer ab und kann abgetrieben werden, besonders wenn sie infolge Unebenheiten dem Wind eine größere Angriffsfläche bietet. Umgekehrt verursachen auflandige Winde in der Regel eine Erhöhung des Wasserstandes, die ebenfalls zum Eisaufbruch entlang der Ufer führt. Dieser Eisaufbruch vollzieht sich entlang der gesamten von der Wasserstandsänderung betroffenen Küstenstrecke, unabhängig von lokalem Windschutz.

5 (Eisaufbruch durch Schiffsverkehr)

Bei nur schwacher Eisdecke oder zusammengefrorenen Treibeismassen und noch nicht vereisten Zufahrtsgewässern bleibt vielfach der Schiffsverkehr noch im Gange und verursacht Eisaufbruch und Bildung von Treibeis, das je nach Frostlage als solches bestehen bleibt oder wieder erneut zusammenfriert.

Bei diesem Sachverhalt wird gleichzeitig unter der Schlüsselreihe S eine Ziffer zwischen 2 und 6 gegeben werden.

6 (Eisbildung aus Schneebrei [Schnee-Eis])

Bei ergiebigen Schneefällen, aber noch offenem Wasser entsteht an der Wasseroberfläche ein flockiger oder vom Wind oft wulstartig zusammengeschobener milchgrauer Brei aus halbgetautem Schnee mit Temperaturen von 0°. Bei bereits herrschendem oder unmittelbar folgendem Frost erstarrt diese Masse auch schon bei geringen Temperaturen unter 0° sehr rasch zu porösem, undurchsichtigem Schnee-Eis, auch wenn die Wassertemperaturen vor Einsetzen des Schneefalles noch positiv waren. Für die Beurteilung der Eislage ist die sorgfältige Beobachtung des Auftretens dieser Eisart daher besonders wichtig. Auch leichte Schneefälle ohne Breibildung sind wegen ihres nachhaltigen Einflusses auf die Wassertemperatur und damit für die Vereisungsmöglichkeit eine wichtige Voraussetzung, daher unter „Bemerkungen" tunlichst anzugeben. Bei Vorliegen mehrerer Tatbestände der Reihe L ist im Telegramm der Ziffer 6 grundsätzlich der Vorzug zu geben.

7 (Eiszuwachs durch vorübergehend nasse, anfrierende Schneedecke)

Eine Schneedecke auf einer Eisfläche kann bei vorübergehendem Tauwetter, Regen oder auch durch emporquellendes Wasser (Risse durch Aufbruch, durch scharfen Frost, durch Windstau usw.) mit Wasser getränkt werden, zumindest in ihren unteren eisnächsten Schichten. Sie verwächst bei abermaligem Frost fest mit der Eisunterlage und führt daher zu einer oft beträchtlichen Eisverstärkung. Das Zutreffen dieses Tatbestandes kann in den meisten Fällen nur durch Untersuchung an Ort und Stelle festgestellt werden, da es oberflächlich von weitem vielfach nicht erkennbar ist.

8 (Festeisdecke mit offenen Löchern und Waken)

Hierunter ist die aus natürlichen Ursachen entstandene Lückenhaftigkeit einer Festeisdecke zu verstehen, nicht dagegen künstlicher Aufbruch durch Eisfischerei, Eisgewinnung, Schiffahrt oder gewaltsamer Aufbruch durch Wasserstandsänderungen, Stürme, Pressungen u. dgl. Als solche natürlichen Ursachen sind vor allem anzusehen Auftriebstellen wärmeren Wassers, Stellen mit größerer Wassertiefe oder mit lebhafter Strömung, Sammelstellen von Wasservögeln. Diese Schlüsselziffer kann sowohl bei wachsender Eisdecke wie auch bei infolge von Tauwetter fortschreitend zerfallender Eisdecke gegeben werden.

9 (Keine lokalen Besonderheiten)

Besonders hingewiesen sei auf die Ziffer L 6, die einen Tatbestand erfaßt, der für die Entwicklung der gesamten Eislage von entscheidender Bedeutung sein kann, namentlich zu Beginn des Winters. Fällt nämlich reichlich Schnee in noch offenes, über 0° temperiertes Wasser, so entsteht infolge des geringeren spezifischen

Gewichts des wasserdurchtränkten Schneebreis eine zähe, graue Schicht mit Temperaturen von 0° (Abb. 2). Die russische Eisterminologie (Album of ice forms) bezeichnet diese Masse als снежура (snjedschura). Die auf diese Weise „präparierte" Wasseroberfläche friert schon bei geringen Frostgraden rasch fest zu

Abb. 2: Nahaufnahme von Schnee-Brei in einer offenen Stelle im Eise. Der milchig graue Schneebrei breitet sich fiederförmig (mit dem Winde!) aus, an der Luvseite staut er sich in fast parallelen Streifen, die sich infolge wachsender Intensität des Schneefalles voneinander unterscheiden.
Aufn. Blüthgen.

milchig-porösem Schnee-Eis, das allerdings bei Tauwetter auch leicht zerfällt; ohne die Mitwirkung von Schnee hätte das Wasser noch lange Zeit gebraucht bis zur „Eisreife". In vereisenden Gewässern, die infolge höheren Salzgehaltes einen tieferen Gefrierpunkt besitzen (also vor allem die polaren Eismeere, aber auch die östliche Nordsee), kann die Beförderung der Eisbildung durch den salzfreien Schneebrei an der Wasser-

Abb. 3: Tellereis in statu nascendi. Die teller- und schüsselförmigen kreisrunden Gebilde sind aus formlosem Schneebrei in windbewegtem Wasser entstanden, die Ränder tragen Stoßwülste.
Aufn. Blüthgen.

oberfläche nicht hoch genug eingeschätzt werden. Auch das echte Tellereis (pancake ice, „Pfannkucheneis") ist nur auf diese Weise erklärbar (Abb. 3 und 4).

Die vierte und fünfte Ziffer der zweiten Fünfergruppe des erweiterten Eisschlüssels enthalten zahlenmäßige Schätzungen der Festeisbreite und Treibeismenge und ergänzen damit die Meldungen über Festeis und Treibeis der Ziffernreihe E. Diese beiden Reihen sind aus dem nationalen russischen Eisschlüssel übernommen. Ihre Verwendung bietet ferner einen Ausweg aus dem Dilemma, daß bisher Festeis und Treibeis nach dem Baltischen Eisschlüssel

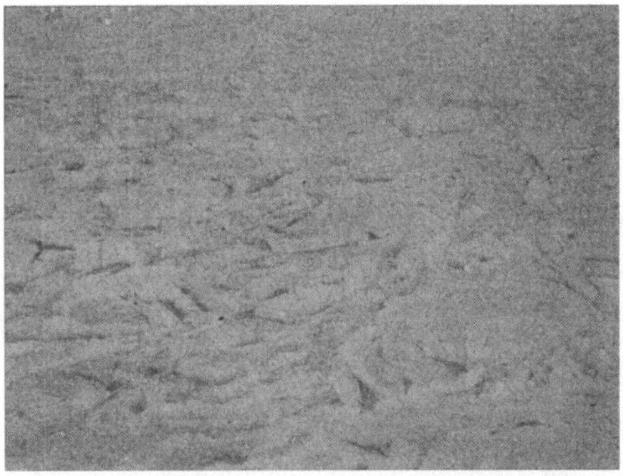

Abb. 4: Tellerpackeis. Die Eisteller (vergl. Abb. 3) sind durch Stau übereinander geschoben und bei starkem Frost durch den ursprünglich dazwischen befindlichen losen Schneebrei fest verkittet. Diese Eisart kann 1—2 m mächtig werden und bietet den Eisbrechern zähesten Widerstand.
Aufn. Blüthgen.

nicht gleichzeitig gemeldet werden konnten. Sie ergänzen den Baltischen Schlüssel in navigatorisch willkommener Weise.

Durch diese Schlüsselerweiterung ist eine größere Differenzierung der Eismeldungen möglich, die an den für die Eisvorhersage verantwortlichen Dienststellen eine sicherere Diagnose der Eislage gestattet und damit auch die Prognose zuverlässiger macht. Abgesehen davon ist der Wert der nach dem erweiterten Eisschlüssel niedergelegten Beobachtungen für die wissenschaftliche Untersuchung der Vereisung zu berücksichtigen. Praktisch hat der neue Schlüssel noch den Nutzen, viele kostspielige Klartextmeldungen zu ersparen, wenn auch noch genug Sachverhalte wie Begehbarkeit und Befahrbarkeit des Eises, Bewegungen im Eis, Oberflächenbeschaffenheit, Höhe der Eispressungen, Festsitzen derselben auf Grund, zeitweise auch Eisstärkemeldungen, Festsitzen von Schiffen, Einziehen und Wiederauslegen von Seezeichen, Eisschäden, Beginn der Eisfischerei, besondere Veränderungen zu einem Zwischentermin, auffällige Wettererscheinungen, die die Eislage nach der Meinung des Beobachters spürbar beeinflußt haben oder beeinflussen könnten, usw. usw. gegebenenfalls in Klartext bzw. unter „Bemerkungen" in der Monatstabelle gebracht werden müssen.

Bildete der neue Küsteneisschlüssel eine Erweiterung des bisher verwendeten, fußend auf langjährigen Erfahrungen mit diesem, so mußte bei den Eisverhältnissen auf Binnengewässern ein Binneneisschlüssel überhaupt erst aufgestellt werden. Die Aufgabe barg insofern eine schwer zu überbrückende

Schwierigkeit, als der Schlüssel für fließende wie für stehende Binnengewässer in gleicher Weise anwendbar sein mußte, jedoch die Eisverhältnisse von Flüssen, Kanälen oder Seen recht bemerkenswerte Unterschiede untereinander aufweisen. Diese können in bestimmten Fällen so weit gehen, daß gewisse Vereisungsformen auf Seen z. B. mehr Ähnlichkeit mit entsprechenden Erscheinungen in Küstengewässern als auf Flüssen besitzen. Andererseits können in Flußmündungshäfen, die wie bisher den Küsteneisschlüssel verwenden, Eisverhältnisse eintreten, die mit dem Binneneisschlüssel sinnvoller erfaßt werden als mit dem Küsteneisschlüssel. Es bleibt zunächst dahingestellt, inwieweit sich ein Weg wird finden lassen, die Anwendung der beiden Schlüsselarten nicht rein schematisch nach Küsten- und Binnenstationen vorzunehmen, sondern es von einer Überprüfung der örtlichen Voraussetzungen abhängig zu machen, welcher Eisschlüssel zweckmäßigerweise von der einzelnen Meldestelle anzuwenden ist. Da diese Lösung, so einleuchtend sie erscheinen mag, jedoch eine Revision des langjährigen Eismeldenetzes entlang der Küste erfordern würde und somit zumindest eine interzonale Diskussion naheliegt, ist zunächst für Mecklenburg diese Konsequenz noch nicht gezogen worden.

Der Binneneisschlüssel stellt, wie auch sein Anwendungsbereich gegenüber dem des Küsteneisschlüssels abgegrenzt werden möge, ein Kompromiß dar. Auch hierbei ist versucht worden, an das Bisherige anzuknüpfen und wenigstens die in der Pegelvorschrift (s. 40 f.) erwähnten Eistermini in den Binneneisschlüssel einzubauen. Er hat folgendes Aussehen:

Avioeis JJJTT IVDD

Die Buchstaben bedeuten:

JJJ = Kennziffer;

TT = Wassertemperatur in zehntel C-Graden (Minuswerte werden mit ≧ 50 verschlüsselt);

I = Art des Eises auf Binnengewässern:
- 0 = Eisfrei,
- 1 = Neueis oder loser Eisbrei,
- 2 = Eisbildung aus Schneebrei (Schnee-Eis),
- 3 = Grundeisbildung,
- 4 = Leichtes Festeis (Randeis bis 15 cm dick),
- 5 = Leichtes Treibeis (Schollen bis 15 cm dick),
- 6 = Zusammengeschobenes Eis, leichtes Packeis,
- 7 = Starkes Festeis (über 15 cm dick), Eisstand bei fließenden, Eisdecke bei stehenden Gewässern,
- 8 = Schweres Treibeis (Schollen dicht und meistens über 15 cm dick),
- 9 = Eisstau, Eispressung, schweres Packeis;

V = Verkehrsbehinderung:
- 0 = Schiffahrt überall nicht durch Eis behindert,
- 1 = Schiffahrt noch unbehindert, Eisbildung durch Strömung oder Abwässer behindert,
- 2 = Für Dampfer, Schleppzüge und Seilfähren keine Behinderung, für kleine Fahrzeuge und Flößerei erschwert,
- 3 = Für Dampfer keine Behinderung, für Schleppzüge und Seilfähren erschwert, für kleine Fahrzeuge und Flößerei geschlossen,
- 4 = Nur für starke Dampfer möglich,
- 5 = Fahrrinne im Eis vorhanden,
- 6 = Schiffahrt durch örtliche Eisstauungen blockiert,
- 7 = Schiffahrt hat aufgehört,
- 8 = Eisaufbruch durch Wasserstandsänderungen, noch keine Schiffahrt,
- 9 = Eisaufbruch durch Schiffsverkehr.

DD = Eisstärke in cm.

In der Regel bieten die Eisverhältnisse auf Binnengewässern beschränktere Variationsmöglichkeiten, so daß mit zwei Ziffernreihen (I und V) auszukommen ist. Namentlich bei fließenden Gewässern wechselt die Wassertemperatur je nach den Wärmeverhältnissen in den verschiedenen Einzugsbereichen, die zeitweilig oder sogar im Mittel unter gegensätzlichen Witterungsbedingungen liegen können. Demzufolge kann z. B. Treibeisführung aus dem Oberlauf oder einem bereits vereisten Nebenfluß zusammentreffen mit der Zufuhr noch wärmeren Wassers eines nicht vereisten unteren Nebenflusses mit milderem Witterungsregime, — Beispiele, die man beliebig abwandeln könnte. So ergibt sich die Notwendigkeit, die Wassertemperatur während der Eisperiode durchgehend zu messen. Man kann daher nicht wie bei den Küstenverhältnissen während der Eisperiode die Eisstärke in cm anstelle TT verschlüsseln, sondern muß sie unter DD daneben getrennt geben. Außerdem bereitet ihre Ermittlung bei Flußeis infolge der auf geringen Abstand hin stark variierenden Vereisungsvoraussetzungen oft keine geringen Schwierigkeiten. Wenn in der vom Ostsee-Observatorium herausgegebenen „Anleitung für Eisbeobachtungen an Binnenstationen" daher empfohlen wird, die Eisstärke in Ufernähe zu messen, so ist das ein Kompromiß, das auf die technische Durchführbarkeit der Messung wie auf die rasche Veränderlichkeit der Eisdecke zur Flußmitte hin in gleicher Weise Rücksicht nimmt. Im Klartext werden ungefähr die gleichen Tatbestände angeführt, wie sie bei Besprechung des Küsteneisschlüssels erwähnt wurden. Auf Beschädigungen und Zerstörungen von Brücken, Wehren, Schleusen und Hafeneinrichtungen ist außerdem zu achten. Nachstehend seien die Erläuterungen der Ziffernreihen I und V aus der „Anleitung" wiedergegeben.

Erläuterungen zu den Eisarten auf Binnengewässern (Schlüsselziffer I 0—9).

0 (Eisfrei).

Eisfreies Wasser ist an seiner dunklen Farbe und nie ganz fehlenden Bewegung seiner Oberfläche durch Windwellen oder Dünung erkennbar; bei tiefen Lufttemperaturen kann Frostrauch eintreten.

1 (Neueis oder loser Eisbrei).

Unter dieser Hauptart werden sehr leichte Eisarten zusammengefaßt, die der Schiffahrt kein ernstes Hindernis bieten. Das dünne Neueis (meist in ruhigen Buchten oder zwischen Alteisschollen) ist beim Fehlen einer Schneedecke oft so durchsichtig, daß seine Farbe ebenso dunkel erscheint wie offenes Wasser, jedoch ist die Oberfläche von Neueis stets glatt und ohne Bewegung. In fließenden Gewässern kann sich eine solche Neueishaut nur an geschützten Randpartien bilden, im Stromstrich behält das Neueis am längsten eine lockere breiartige Konsistenz. Dieser Brei entsteht durch Ansammlung der einzelnen Eiskristalle oder durch Schneeschlamm (vergl. Ziffer 2) und behindert die Turbulenz der zahlreichen Strömungswirbel meist noch nicht.

2 (Eisbildung aus Schneebrei [Schnee-Eis]).

Nach ergiebigen Schneefällen entsteht an der Wasseroberfläche noch nicht vereister Gewässer ein flockiger

Brei aus halbgetautem Schnee mit Temperaturen von 0°. In strömenden Gewässern treibt der Schneebrei fladenartig zusammengeballt ab, durch Wind wird er an geschützten Stellen wulstartig zusammengeschoben. Bei bereits herrschendem oder unmittelbar folgendem Frost erstarrt diese Masse auch schon bei geringen Temperaturen unter 0° sehr rasch zu porösem, undurchsichtigem Schnee-Eis, auch wenn die Wassertemperaturen vor Einsetzen des Schneefalles noch positiv waren. Für die Beurteilung der Eislage ist die sorgfältige Beobachtung des Auftretens dieser Eisart daher besonders wichtig. Auch leichte Schneefälle ohne Breibildung sind für die Vereisungsmöglichkeit eine wichtige Voraussetzung, daher unter „Bemerkungen" tunlichst anzugeben. Bei Vorliegen mehrerer Tatbestände der Reihe I ist im Telegramm der Ziffer 2 grundsätzlich der Vorzug zu geben.

3 (Grundeisbildung).

Bei starkem, anhaltendem Frost, insbesondere ohne Schneedecke, kann Eisbildung in fließenden Gewässern auch am Grunde eintreten. Durch den Auftrieb und die Strömung löst sich das Eis vom Grund in unregelmäßigen Schollen, kenntlich vor allem an den zahlreichen Fremdkörpereinschlüssen (Sand, Schlamm, Steine, Wasserpflanzen). Grundeis tritt in stehenden Gewässern nicht auf; es ist nicht zu verwechseln mit dem Ausfrieren bis zum Grund, das gelegentlich an seichten stehenden Gewässern nach langen Frostperioden beobachtet werden kann.

4 (Leichtes Festeis, Randeis [bis 15 cm dick]).

Feste, geschlossene Eisdecke aus Kerneis (wasserklar) oder fest zusammengefrorenem Eisbrei (milchig-grau). Er entsteht am leichtesten in stehenden Gewässern bzw. zuerst an den Uferrändern der fließenden Gewässer. Erst bei weiterem Anwachsen der Eisstärke pflegt sich auch die Stromrinne zu schließen, und zwar nach der Flußmitte zu mit zunehmend ungleichmäßigem Festeis unter Beteiligung von Scholleneis.

5 (Leichtes Treibeis [Schollen bis 15 cm dick]).

Häufige Eisart fließender Gewässer, entstanden durch Einwirkung von Wind, Seegang, Strömung, Wasserstandsänderungen (vergl. Ziffer V 8) oder Schiffsverkehr (vergl. Ziffer V 9) auf bestehende Festeisdecken bzw. Eissäume oder durch schollenartiges Zusammenballen von Eis- und Schneebrei. Treibeis kann aus Schollen verschiedener Stärke und Größe bestehen. Die Unterscheidung von Ziffer 5 und 8 kann nur durch Berücksichtigung eines mittleren Wertes erfolgen. In der Regel ist leichtes Treibeis gleichbedeutend mit einer geringeren Schollendichte, jedoch kann in besonderen Fällen (z. B. bei Beteiligung von Schneebrei) auch schon bei einer Schollendicke von unter 15 cm dichtes Eistreiben eintreten. In fließenden Gewässern sind die Schollen des Treibeises stärker abgerundet und meist mit Stoßkanten und Randwülsten versehen. Besonders stark sind diese Wülste bei dem aus Schnee-Eis (vergl. Ziffer 2) entstandenen Tellereis (Abb. 3).

6 (Zusammengeschobenes Eis, leichtes Packeis).

Wird Eisbrei, Neueis oder Treibeis von Wind, Seegang und Strömung dicht zusammengeschoben, so verschwinden die offenen Stellen, und es entsteht eine lückenlose Bedeckung der Wasseroberfläche durch größere und kleinere Bruchstücke leichten Eises, oft verschiedener Herkunft. Vielfach, namentlich bei örtlich wechselnden Strömungsverhältnissen fließender Gewässer, erfolgt der Zusammenschub streifenweise, und zwischen diesen Eisstreifen kann noch eisfreies Wasser, loser Eisbrei oder lockeres Treibeis vorhanden sein. Von Dampfern können diese Eisstreifen meist noch durchbrochen werden. Bei stärkerer Strömung des zusammengeschobenen leichten Eises (Hochkant- oder Schrägstellung der Brucheisstücke) muß von leichtem Packeis gesprochen werden, das dann gegebenenfalls durch einen höheren Behinderungsgrad der Reihe V (Ziffer 2, 3, 4 oder 6) erläutert wird. In sonst gleichmäßiger leichter Festeisdecke sind Streifen zusammengeschobenen Eises durch hellgraue bis weiße Farbe kenntlich.

7 (Starkes Festeis [über 15 cm dick], Eisstand bei fließenden, Eisdecke bei stehenden Gewässern).

Sichere Unterscheidung von leichtem Festeis (vergl. Ziffer 4) nur durch Dickenmessung möglich. In fließenden Gewässern hat sich das randliche Festeis bis zum Stromstrich vorgeschoben. Durch fortschreitende Behinderung des Treibeises in der Strommitte ist Zusammenfrieren der Schollen erzwungen. Im Gegensatz zur relativ gleichmäßigen Eisdecke auf stehenden Gewässern ist die Festeisdecke auf fließenden Gewässern meist nur in Ufernähe gleichmäßig, gegen die Strommitte zu jedoch nach Stärke, Herkunft und Oberflächenbeschaffenheit unregelmäßig.

8 (Schweres Treibeis [Schollen dicht und meist über 15 cm dick], Eisgang nach Eisstand).

Von leichtem Treibeis (Ziffer 5) unterschieden durch die im Durchschnitt 15 cm überschreitende Dicke der Schollen. Die Eisführung ist in der Regel dicht; größere Schollen sind meist von Trümmereis und Eisbrei umgeben. Sie heben sich durch ihre vom Flußwasser nicht überflutete Schneedecke von ihrer Umgebung ab. Schweres Treibeis kann durch Schnee-Eisbildung nach starken Schneefällen sowie durch Aufbruch einer Festeisdecke (Eisgang nach Eisstand) entstehen. Die Gefahr von Zerstörungen an Brücken, Uferbauten, Schleusen, Hafeneinrichtungen usw. ist bei dieser Eisart fast stets gegeben.

9 (Eisstau, Eispressung, schweres Packeis).

Wind und Seegang, bei fließenden Gewässern die Strömung, können Eisstau herbeiführen. Voraussetzung hierfür ist starkes Eistreiben. Die Eisschollen werden übereinander getürmt, schräg und hochkant gepackt und gegen das Ufer oder einen Festeisrand gepreßt. Die Eiswälle ragen tief in das Wasser hinab und sitzen oft dem Grunde auf; unter der Wasseroberfläche bieten sie der Strömung, oberhalb dem Winde eine vergrößerte Angriffsfläche dar, dadurch erhöhte Zerstörungs- und Überschwemmungsgefahr. Die Überwasserhöhe der Eispackungen ist in der Monatstabelle bzw. im Eistelegramm im Klartext anzugeben.

Erläuterungen zu den Verkehrsbehinderungen durch Eis (Schlüsselziffer V 0—9)

0 (Schiffahrt überall nicht durch Eis behindert).

Nur bei Eisziffer I 0 geben.

1 (Schiffahrt noch unbehindert, Eisbildung durch Strömung oder Abwässer behindert).

Wird in der Regel bei Eisziffer I 1 gegeben, solange beginnende Eisbildung am Ufer verkehrsmäßig noch belanglos ist bzw. die Strömung fließender Gewässer oder industrieller Abwässer eine Eisbildung noch hinhalten.

2 (Für Dampfer, Schleppzüge und Seilfähren keine Behinderung, für kleine Fahrzeuge und Flößerei erschwert).

Kann bei Eisziffer I 1, 2 oder 6 gegeben werden. Eine Eisbehinderung der Anlegestellen oder Hafenbecken durch randliches Festeis ist noch nicht eingetreten, das verstreute bzw. leichte Treibeis wird nur kleineren Fahrzeugen mit geringer Eigenkraft (Kähne, kleine Motorboote) bzw. treibenden Flößen bei Ausweichmanövern hinderlich.

3 (Für Dampfer keine Behinderung, für Schleppzüge und Seilfähren erschwert, für kleine Fahrzeuge und Flößerei geschlossen).

Die Einengung der Schiffahrtsrinne durch randliches Festeis (Eisziffer I 4) oder die Verdichtung des Treibeises (Eisziffer I 2 oder 5) behindern die ohnehin nur beschränkt beweglichen Schleppzüge oder Seilfähren. Verkehrs- und wirtschaftsmäßig tritt damit die am meisten einschneidende Behinderungsphase ein.

4 (Nur für starke Dampfer möglich).

Starke Dampfer vermögen aus eigener Kraft bzw. infolge ihrer größeren Beweglichkeit auch noch eine leichtere Eisdecke (Eisziffer I 4 oder 6) bzw. dichteres Treibeis (Eisziffer I 5 oder 8) zu forcieren, vor allem, um vor endgültigem Schluß der Schiffahrt noch einen Hafen bzw. eine Anlegestelle zu erreichen oder schwächere Fahrzeuge dorthin zu bugsieren.

5 (Fahrrinne im Eis vorhanden).

Bei randlichem Festeis und nur gelindem Frostwetter besteht die Möglichkeit, in fließenden sowohl wie stehenden Gewässern eine Fahrrinne offen zu halten, sei es durch den normalen Schiffsverkehr, sei es durch Eisbrechertätigkeit. Voraussetzung ist, daß kein Treibeis diesen eingeengten Schiffsverkehr gefährdet und die Häfen und Anlegestellen selbst zugänglich bleiben.

6 (Schiffahrt durch örtliche Eisstauungen blockiert).

Treten an Krümmungen oder Buchten fließender wie stehender Gewässer örtlich Eisstauungen ein, so kann durch sie die Schiffahrt lahmgelegt werden, auch wenn einzelne Zwischenstrecken an sich noch befahrbar bleiben. Meist tritt eine solche Situation nach Eistreiben ein. Mit dem Fortfall dieser Hindernisse infolge von Tauwetter oder Abdrift (Hochwasser!) ist wieder Schiffsverkehr möglich.

7 (Schiffahrt hat aufgehört).

Läßt die Eislage endgültig keinen Schiffsverkehr mehr zu und ist eine längere Unterbrechung zu erwarten, wird die Ziffer 7 gemeldet, unabhängig davon, ob zwischendurch örtlich vorübergehende Erleichterungen der Eislage eintreten oder nicht. Es können je nach den Eisverhältnissen in den benachbarten Gewässerabschnitten die Eisziffern I 3 bis 9 gemeldet werden.

8 (Eisaufbruch durch Wasserstandsänderungen, noch keine Schiffahrt).

Hochwasser, im Winter eine Folge plötzlicher Schneeschmelze im Einzugsbereich, vermag eine bestehende Festeisdecke aufzubrechen und schweres Treibeis mit der Gefahr von Stauungen und Überschwemmungen (vergl. Ziffer I 8) einzuleiten. Eisaufbruch durch sinkenden Wasserstand tritt dagegen nur selten ein, da dieser sich in der Regel nur allmählich vollzieht und mit anhaltendem Frost verbunden ist. Schiffsverkehr ist noch nicht möglich.

9 (Eisaufbruch durch Schiffsverkehr).

Eine bestehende Festeisdecke kann durch die Eisbrechertätigkeit oder Wiederaufnahme des normalen Schiffsverkehrs aufgebrochen werden, wenn sie nicht zu stark ist und die Umstände die Aufrechterhaltung des Schiffsverkehrs dann gewährleisten.

Es kann vorkommen, daß manche Tatbestände ein und derselben Ziffernreihe zugleich vorhanden sind. Soweit man sie, wie bei dem mehrstelligen Küsteneisschlüssel, nicht durch Ausweichen auf eine Ziffer der anderen Reihen mit genügender Vollständigkeit wiedergeben kann, muß im Eistelegramm Klartext zu Hilfe genommen werden. In den Monatstabellen dagegen besteht die Möglichkeit, von der grundsätzlich weitgehend Gebrauch zu machen ist, mehrere zutreffende Ziffern einer Reihe zugleich anzukreuzen (vgl. die Mustertabelle Abb. 5).

Die Beobachtungsperiode für Eisbeobachter ist an Küstenstationen die Zeit vom 15. November bzw. früher, sobald die Wassertemperatur + 4° unterschreitet, bis zum 15. April bzw. später, sofern noch Eisreste am Orte oder im benachbarten Seebereich vorhanden sind. An Binnenstationen beginnt die Periode generell schon am 1. November, da vor allem auf Kanälen und flachen Binnenseen die Eisbildung auch schon nach frühem Frosteinbruch einsetzen kann. Sinkt die Wassertemperatur hier bereits vor dem 1. November unter + 4° ab, so ist bereits zu diesem Zeitpunkt mit den regelmäßigen Messungen und Beobachtungen zu beginnen. Die Beobachtungsperiode endet mit dem Zeitpunkt, wenn erstmals eine Wassertemperatur von + 4° wieder erreicht wird, jedoch nicht vor dem 15. April. Gerade bei stehenden Binnengewässern kann sich auch noch im April bei Frost leichte Neueisbildung einstellen, weniger bei Flüssen. In Küstengewässern leisten oft Eisreste von gestrandeten Packeiswällen, Eisschubbergen usw. der Einwirkung milden Wetters noch erstaunlich lange Widerstand, so daß allein aus diesem Grunde die Beobachtungsperiode nicht vor dem 15. April beendet werden darf.

Die beigefügte Karte des Netzes der Eismeldestellen (Abb. 6) unterrichtet über den derzeitigen Stand des Stationsnetzes. Inwieweit einzelne Meldestellen aus dem Geltungsbereich des Küsteneisschlüssels in das des Binneneisschlüssels und umgekehrt übergeführt werden, muß, wie gesagt, noch geklärt werden. Die Binneneismeldestellen rekrutieren sich in der Mehrzahl aus den Pegelmeßstellen der Wasserstraßenämter und Wasserwirtschaftsverbände, soweit nicht Stationen des meteorologischen Netzes diese Aufgaben mit übernehmen. Die Küsteneismeldestellen setzen sich aus den Stationen des meteorologischen Netzes, aus Hafenämtern, Lotsenstationen, Signalstellen, Sturmwarnstellen usw. zusammen; bei einem Teile von ihnen ist gemäß früherer Gepflogenheit eine Unterteilung des Meldebereichs in einzelne Seegebiete vorgenommen, um unterschiedliche Eisverhältnisse im Umkreis einer Station auch differenziert melden zu können. Mit einem das Stationszeichen umgebenden Kreis bzw. Viereck sind die Eisstationen hervorgehoben, die ihre Beobachtungen nicht nur in die Monatstabellen eintragen, sondern zugleich telephonisch oder telegraphisch an das Ostsee-Observatorium

Landeswetterdienst Mecklenburg

Muster

Monatstabelle für Eisbeobachtungen an Binnenstationen

Station: **Boizenburg** Kennziffer: **143** Länge: **10° 42′** Breite: **53° 22′** Höhe: **5 m** Name des Beobachters: **E. Schulz**

Meteorol. Station — ~~Klimastation~~ — ~~Niederschlagsmeßstelle~~ — ~~Pegelmeßstelle~~ — ~~Hafenamt~~ (Nichtzutreffendes streichen)

Monat: **Januar** **19XX**

Datum	Wassertemperatur (C°) TT	I = Eisverhältnisse: 0 Eisfrei	1 Neueis oder loser Eisbrei	2 Eisbildung aus Schneebrei	3 Grundeisbildung	4 Leichtes Festeis (Randeis) ≦ 15 cm	5 Leicht. Treibeis (Schollen) ≦ 15 cm	6 Zugeschobenes Eis, leichtes Packeis	7 Starkes Festeis (> 15 cm), Eisstand bzw. Eisdecke	8 Schweres Treibeis (15 cm) Eisgang nach Eisstand	9 Eisstau, Eispressung, schw. Packeis	V = Verkehrsbehinderung: 0 Schiffahrt überall unbehindert	1 dto., Eisbildung durch Strömung oder Abwässer behindert	2 Dampfer, Schleppzüge, Seilfähren unbehind.; kl. Fahrzeuge u. Flößerei erschw.	3 Dampfer unbeh.; Schleppzüge, Seilfähren erschwert; kl. Fahrzeuge u. Flößerei geschl.	4 Nur für starke Dampfer möglich	5 Fahrrinne im Eis vorhanden	6 Schiffahrt durch örtliche Eisstauungen blockiert	7 Schiffahrt hat aufgehört	8 Eisaufbruch durch Wasserstandsänderungen, noch keine Schiffahrt	9 Eisaufbruch durch Schiffsverkehr	Bemerkungen
1.	1.5	X										X										
2.	1.4	X										X										
3.	1.1	X										X										
4.	0.8	X										X										
5.	0.6	X										X										Nachts Frost, kein Eis
6.	0.3	X										X										
7.	0.1	X										X										
8.	0.1	X										X										Elbe eisfrei, auf dem Lande dünnes Eis auf Teichen
9.	0.0	X										X										
10.	0.0		X										X									
11.	0.0		X											X								
12.	– 0.1					X									X							Eisstärke 8 cm, am Rande stärker
13.	– 0.1					X	X									X						In der Flußmitte Eistreiben
14.	– 0.1					X	X									X						
15.	– 0.1							X										X				Eisstärke unregelmäßig, 5–15 cm
16.	0.0						X									X						
17.	0.0						X									X						
18.	0.1						X								X							Eistreiben läßt nach
19.	0.2						X						X									
20.	0.0	X										X										
21.	0.0	X										X										Starke Schneefälle von mittags bis nachts
22.	0.0			X										X								
23.	0.0			X			X												X			Schollen ca. 5 cm dick
24.	0.0						X												X			
25.	0.0						X												X			
26.	– 0.1					X															X	Poröses, milchiges Eis, brüchig, 12 cm
27.	– 0.1					(X)											X					Dichter Nebel, Flußmitte nicht erkennbar
28.	– 0.1								X		X						X					Eisstärke 15 cm, stellenweise 1 m hohe Stauungen
29.	– 0.1								X		X								X			
30.	– 0.1				X				X		X									X		Aufbruch durch fallenden Wasserstand
31.	– 0.1									X									X			Starkes, dichtes Eistreiben, Schollen 15–20 cm

Mittel: **0.2** Gesamtzahl der Tage mit Eis überhaupt [1-9]: **20** *) dto. mit Festeis (Randeis) [4]: **5** dto. mit Eisstand [7]: **3**

dto. mit Treibeis [5+8]: **10** dto. mit Packeis, Eispressung, Eisstau [6+9]: **4** dto. mit Schiffahrt geschlossen [V 6-8]: **7**

Anmerkungen: Beobachtungstermin ist morgens 08⁰⁰ MEZ. Zutreffende Tatbestände ankreuzen, fehlende Beobachtungen freilassen, unsichere Werte oder Bemerkungen einklammern, gleichzeitig herrschende Zustände in die Tabelle eintragen, zusätzliche (z. B. 2 X wöchentlich Eisstärke in cm) oder Zwischenterminbeobachtungen (z. B. Eisgang durch Hochwasser ab 16 h) unter „Bemerkungen". Nach Monatsende ist die Tabelle an das Ostsee-Observatorium Greifswald, Robert-Blum-Straße 8 – 10, einzusenden. Eine Durchschrift verbleibt bei der Station.

*) Diese Zahl kann unter der Summe der nachfolgenden liegen, da z. B. Randeis und Treibeis gleichzeitig auftreten können.

Ostsee - Observatorium Greifswald

geprüft am: **13. II. XX** durch: *Müller*

Schulz

Unterschrift des Beobachters

Abb. 5: Muster einer Monatstabelle für Eisbeobachtungen an Binnenstationen.

weiterleiten. Das nachstehende Verzeichnis enthält diese zusammen mit der Aufteilung ihres Meldebereiches in die einzelnen Seegebiete nach dem augenblicklichen Stande (Winter 1947).

A. Küstenstationen:

Kennziffer	Stationsname	Stationsart	Unterteilung in einzelne Meldebereiche
145	Boltenhagen	Met. Station	—
147	Bad Wendorf b. Wismar	Met. Station	a) Wismar Hafen b) Wismar Fahrwasser c) Timmendorf Poel)
406	Warnemünde	Met. Observatorium	a) Ostsee b) Hafen c) Warnow (Breitling)
278	Darsser Ort	Sturmwarnstelle	a) westl. Seegebiet b) östl. Seegebiet
280	Barth	Met. Station	—
279	Barhöft	Sturmwarnstelle	a) Seegebiet nach Nordwest (Zingst) b) Seegebiet nach Nordost (Gellen) c) Seegebiet nach Südosten (Stralsund)
277	Kloster bzw. Dornbusch auf Hiddensee	Met. Station bzw. Sturmwarnstelle	a) Außenküste nach See b) Boddenküste nach Südost
464	Arkona	Met. Station	—
283	Saßnitz	Hafenamt	—
281	Stralsund	Hafenamt	a) Zufahrt von Nordwest b) Zufahrt von Südost
284	Greifswald-Wieck	Ostsee-Observatorium und Met. Station	a) Fahrwasser Greifswald-Wieck b) Fahrwasser Wieck-Greifswalder Bodden
285	Thiessow-Landtief	Sturmwarnstelle	a) Seegebiet Ost (See) b) Seegebiet West (Bodden)
286	Ruden	Sturmwarnstelle	a) Seegebiet Ost (See) b) Seegebiet West (Bodden)
282	Greifswalder Oie	Sturmwarnstelle	a) Südwestliches Seegebiet b) Nordöstliches Seegebiet
292	Wolgast	Hafenamt	a) Zufahrt von Nordwest b) Zufahrt von Süden
291	Ahlbeck (Seebad)	Sturmwarnstelle	—
288	Anklam	Hafenamt	—
287	Ückermünde	Met. Station	—

B. Binnenstationen:

Kennziffer	Stationsname	Stationsart	Unterteilung in einzelne Meldebereiche
143	Boizenburg/Elbe	Met. Station	—
146	Schwerin	Met. Station	—
212	Waren	Met. Station	—
293	Demmin	Hafenamt	—
247	Gartz/Oder	Pegelstation	—

Bereits die ersten Erfahrungen mit dem erweiterten Küsteneisschlüssel während der bisherigen Eisperiode von Dezember 1946 / Januar 1947 haben die Brauchbarkeit des Schlüssels erwiesen, wie nachstehende Einzelbeispiele zeigen mögen:

Arkona (Kennziffer 464) meldet am **6. 12. 1946** 46450, also Wassertemperatur + 5° (daß es sich hierbei noch nicht um —0° handelt, was ebenfalls mit 50 verschlüsselt werden müßte, ergibt sich aus dem zeitlichen und räumlichen Zusammenhang). Greifswald-Wieck gibt gleichzeitig 28432, d. h. + 3,2° Wasser-

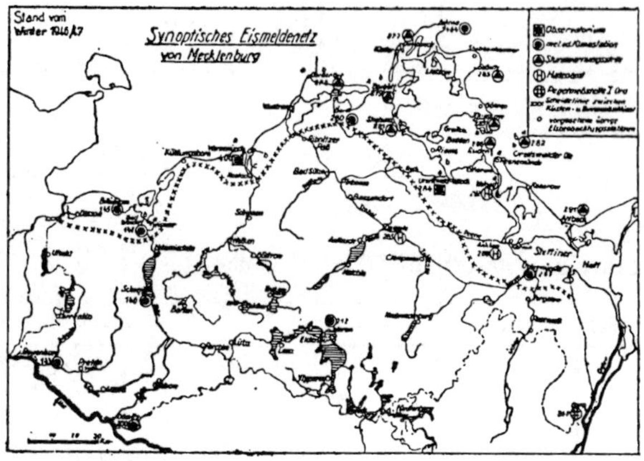

Abb. 6: Karte des Eisstationsnetzes von Mecklenburg-Vorpommern nach dem Stande vom Winter 1947. Die synoptisch meldenden Stationen sind mit einem Kreis bzw. Viereck eingefaßt, die übrigen sind lediglich für die Führung von Monatstabellen für Eisbeobachtungen vorgesehen. Die gerissene Linie grenzt die Anwendungsbereiche des Küsten- und Binneneisschlüssels voneinander ab.

temperatur. Da während dieser Zeit noch nirgends Eis zu erwarten war, wurde vorläufig nur die erste Fünfergruppe des Schlüssels durchgegeben. — Am **15. 12. 1946** kam von Arkona die Meldung 46412 (= + 1,2°) und von Greifswald-Wieck 28452 22 x 20, d. h. Wassertemperatur —0,2°, leichtes Festeis, Schiffahrt für schwache Dampfer durch Eis erschwert, lokale Besonderheiten nicht gemeldet, Festeissaum 20 bis 100 m, kein Treibeis. Die Abkühlung vollzog sich unter dem Einfluß kontinentaler Luftzufuhr bei schwachwindigem heiterem Wetter, es trat daher auch keine Treibeisbildung ein. Die positiven Wassertemperaturen bei Arkona in Verbindung mit den ablandigen SO-Winden, welche an der offenen See den Auftrieb wärmeren Tiefenwassers vor der Küste begünstigten, ließen hier noch keine Eisbildung erwarten trotz anhaltend strengen Frostes. — Am **20. 12.** meldete Boizenburg an der Elbe (und zwar noch nach dem Küstenschlüssel!) 14300 31307, also leichtes Treibeis ohne Behinderung für Dampfer, Festvereisung durch Schiffsverkehr behindert, kein Festeis, bis $^{8}/_{10}$ der Wasserfläche mit Treibeis bedeckt, Wassertemperatur 0°. Saßnitz hatte am gleichen Tage laut Eistelegramm 28300 10500, d. h. 0° Wassertemperatur, Neueis, das den Schiffsverkehr noch nicht behindert, Aufbruch des Eises durch Schiffsverkehr und weder Fest- noch Treibeis. — Aufschlußreich waren die Meldungen der drei Unterbereiche von Warnemünde, beispielsweise vom **8. 1. 1947**, also während einer Kälteperiode mit strengem Frost, aber ohne Schneefall!: 40605 00x00, 40602 21550, 406xx 65550. (Die Reihenfolge der drei gleichlautenden Kennziffern ist vereinbart, um durch die Einfügung etwa von unterscheidenden Buchstaben den telegrafischen Charakter der ersten Fünfergruppe als ein Wort nicht zu sprengen. Die Reihenfolge der drei 406-Meldungen ist: Warnemünde-See, Warnemünde-Hafen, Warnemünde-Warnow [Breitling] bis Rostock.) Die See hat noch immer + 0,5° und kein Eis; der Hafen als Mischbereich zwar noch + 2°, aber bereits leichtes Festeis mit Erschwerung für Segler, Eisaufbruch durch Schiffahrt, 1 bis 2 km breites Festeis ohne Treibeis. In der Warnow ist die Wassertemperatur nicht mehr gemessen worden, es herrscht starkes Festeis (über 15 cm stark), Aufrechterhaltung der Schiffahrt durch Eisbrecher, Aufbruch des Eises durch Schiffsverkehr, 1 bis 2 km breites Festeis (d. h. über die ganze Warnowbreite) ohne Treibeis.

Die Ziffer L 8 wurde entgegen den Erläuterungen in der „Anleitung", die zu diesem Zeitpunkt noch nicht ausgegeben worden war, offensichtlich mehrfach dann gegeben, als durch die Eisfischerei offene Löcher im Eise unterhalten wurden. Das entspricht, wie weiter oben vermerkt, nicht dem Sinn dieser Ziffer. Auch die Messung der Wassertemperatur ist, meist wegen Fehlens vorschriftsmäßiger Wasserthermometer, nicht in allen Fällen sachgemäß erfolgt, eine Gefahr, die sich angesichts der die Messung begleitenden sehr niedrigen Lufttemperatur naturgemäß leicht ergibt und sich als Fehler ebenso leicht erkennen läßt. Es bedarf natürlich einer gewissen Übung und Aufklärung der Beobachter, die erst die Zeit lehren kann.

Das mit dem erweiterten Schlüssel gewonnene Beobachtungsmaterial wird zusammen mit dem der voraufgegangenen Jahrzehnte die Grundlage für die begonnene wissenschaftliche Untersuchung der Eisverhältnisse der Binnen- und Küstengewässer von Mecklenburg bieten. Damit wird zugleich ein Beitrag zu unserer Kenntnis der Eisverhältnisse der südlichen Ostsee geliefert, ein Bereich, über das bisher eine monographische Behandlung nach Art der vom Verfasser für den Bottnischen, Finnischen und Rigaer Meerbusen beigesteuerten noch aussteht.

Zusammenfassung: Nach einleitenden Bemerkungen über die wirtschaftliche Tragweite der Vereisungserscheinungen in Küsten- und Binnengewässern wird die bis Kriegsende gültige Organisation des Eisdienstes besprochen. Nach dem Zusammenbruch erfolgte der Wiederaufbau in Zusammenarbeit durch das Deutsche Hydrographische Institut in Hamburg (für die britisch besetzten deutschen Küsten) und das Ostsee-Observatorium in Greifswald (für die russisch besetzte deutsche Ostseeküste). Der vom Ostee-Observatorium angewandte erweiterte Küsteneisschlüssel wird im einzelnen besprochen, ebenso die Neueinführung des Binneneisschlüssels für stehende und fließende Binnengewässer. An die Bekanntgabe des derzeitigen Meldenetzes des Eisdienstes in Mecklenburg-Vorpommern schließt sich eine Besprechung der bisher gewonnenen Erfahrungen an einzelnen Meldebeispielen.

Anschrift des Verfassers: Greifswald, Ostsee-Observatorium, Robert-Blum-Straße 8/10.

Untersuchungen über den Reinheitsgrad der Atmosphäre mit Hilfe der neutralen Punkte der atmosphärischen Polarisation

Von V. Dahlkamp und H. Kantus, Volkssternwarte Recklinghausen

I. Teil: Transparenzzustand und Verhalten der neutralen Punkte

Wie Chr. Jensen,[1]) haben auch die Verfasser[2]) in mehreren Arbeiten den Nachweis geführt, daß die Phänomene der atmosphärischen Polarisation, bei welcher die Atmosphäre die Rolle eines trüben Mediums spielt, für die Erforschung des Transparenzzustandes der Atmopshäre ein wichtiger Faktor sind. Da die diffuse Streustrahlung linear polarisiert ist, und der direkten Sonnenstrahlung verlorengeht, muß zwischen dem Intensitätsverlust der direkten Sonnenstrahlung und dem Verhalten der durch die diffuse Streustrahlung hervorgerufenen Polarisationsphänomene ein enger Zusammenhang bestehen. Dieser Zusammenhang ist deutlich daran zu erkennen, daß durch vermehrte Trübung in der Atmosphäre eine entsprechende Abnahme der Intensität der direkten Sonnenstrahlung bedingt ist, während die sogenannte negative Polarisationskomponente eine proportionale Vergrößerung erfährt. Somit ist die Intensitätsabnahme der Sonnenstrahlung und die Zunahme der negativen Polarisationskomponente zu einander invers, was auch in dem negativen Vorzeichen entsprechender Korrelationsbeziehungen zum Ausdruck kommt.

In dieser Arbeit kann leider für die jahreszeitlichen Störungsperioden, seien sie meteorologischer, terrestrischer oder kosmischer Art, die gegenseitige Abhängigkeit nicht untersucht werden, da das meteorologische Observatorium in Potsdam die Strahlungsmessungen der letzten Jahre noch nicht vollständig verarbeitet hat. Um so mehr erscheint es daher angebracht, einen ersten Abriß über den Transparenzzustand der Atmosphäre in den Jahren 1940/42 mit Hilfe der neutralen Punkte zu geben. Etwaige nicht eindeutig zu erklärende Tatsachen (Ergebnisse) in den Störungsperioden müssen später, wenn uns die Strahlungsmessungen der Observatorien wieder zur Verfügung stehen, in entsprechend ergänzender Untersuchung geklärt werden. Die Heranziehung der Potsdamer Strahlungsmessungen erscheint uns um so wichtiger, als ein Teil des verarbeiteten Beobachtungsmaterials in Potsdam-Babelsberg in unmittelbarer Nähe des Observatoriums gewonnen wurde. Diese Beobachtungen sind von Herrn Architekt Hugo Menze mit einem Polariskop von Savart durchgeführt und der Sternwarte Recklinghausen freundlicherweise zur weiteren Verarbeitung übergeben worden, wofür ihm an dieser Stelle unser Dank ausgesprochen sei. Als Ergänzung und Abrundung unserer Ausführungen sind die von einem der Verfasser — Dahlkamp — in Recklinghausen in den Jahren 1941/42 durchgeführten Beobachtungen der neutralen Punkte herangezogen worden.

Um einen ersten Überblick über die Einstufung der Jahre 1940/42 bezüglich ihres Trübungsgrades zu gewinnen, sind die Jahresdurchschnittswerte für den Arago-Punkt in Tabelle 1 zusammengestellt worden.

Geht man von der Annahme aus, daß die Größe der Abstandswerte von der Sonne oder dem Gegensonnenpunkt bei den neutralen Punkten für größere positive Sonnenhöhen ein gutes Kriterium für den Reinheitsgrad der Atmosphäre ist, so stellt man beim Vergleich der Zahlenwerte im Bereich der Sonnenhöhe von $+ 7{,}5°$ bis $— 5{,}5°$ fest, daß in diesem Sonnenhöhenbereich die negative Polarisationskomponente für 1940 am größten ist, während die aus dem Jahre 1941 die von 1942 überragt. In Recklinghausen zeigen die Jahre die

[1]) *Chr. Jensen,* Einfluß der Höhenlage von Trübungsgeschichten usw. Gerl. Beitr. zur Geophys. Bd. 55, 1937, S. 337—373. Neutrale Punkte der atm. Pol. in Windhuk, Ann. d. Hydr. 1943, S. 34—64.

[2]) *V. Dahlkamp* u. *H. Kantus,* Über das Verhalten der Polarisationsisoklinen usw. Ann. d. Hydr. 1944, S. 132 bis 144. Untersuchungen über die Verwendbarkeit der Polarisationsisoklinen usw. Ann. d. Hydr. 1944, S. 26—35.

Tabelle 1

Jahr	Abstandswerte des Arago-Punktes im Sonnenhöhenbereich $+7{,}5^0$ bis $-5{,}5^0$													
⊙h.	7,5°	6,5°	5,5°	4,5°	3,5°	2,5°	1,5°	0,5°	−0,5°	−1,5°	−2,5°	−3,5°	−4,5°	−5,5°
								Babelsberg						
1940	22,5	22,2	21,7	21,1	20,5	19,9	19,4	18,9	18,5	18,2*	18,3	19,7	22,2	24,6
1941	22,0	21,8	21,6	21,4	21,0	20,5	20,0	19,4	18,9	18,4*	18,9	20,0	22,9	25,8
1942	21,6	21,5	21,2	20,8	20,4	19,8	19,4	18,8	18,4	18,3*	18,4	19,8	21,5	23,8
								Recklinghausen						
1941	21,4	21,1	20,8	20,3	19,9	19,3	18,7	18,0	17,2	16,6*	16,8	17,7	19,3	23,7
1942	21,3	21,0	20,6	20,2	19,7	19,2	18,7	18,1	17,6	17,0	16,6*	17,4	18,6	—

gleiche Tendenz mit Ausnahme bei negativen Sonnenhöhen; hier liegen die Werte von 1941 teilweise niedriger als 1942. Das Minimum von 1942 hat sich gegen das Minimum von 1941 nach weiteren negativen Sonnenhöhen verlagert. Hingegen zeigt auch der Verlauf der drei Jahreskurven in Babelsberg, daß von der Sonnenhöhe + 7,5° ab bis zu ihrem Minimum die Jahreskurve von 1940 den stärksten Abfall aufweist, während das Gefälle der Jahreskurve von 1942 am geringsten ist. Der steile Abfall einer Kurve von größeren positiven Sonnenhöhen zu ihrem Minimum muß in der Auffassung Jensens als größere Jahrestrübung gedeutet werden, was in guter Übereinstimmung steht mit der vorhergehend aufgestellten Rangordnung im Trübungsgrad der Jahre 1940/42

Wie die Erfahrung gezeigt hat, ist es nicht ratsam, die Beurteilung des Reinheitsgrades der Atmosphäre nur von einem Kriterium abhängig zu machen, da man bei Untersuchungen von Polarisationserscheinungen verschiedentlich durch sogenannte Pseudowerte irregeführt werden kann. Wie hervorgehoben werden soll, haben die Untersuchungen in Recklinghausen bisher gezeigt — und in diesem Sinne sind auch die Untersuchungen Neubergers[3]) über den A-Punkt zu deuten —, daß bei größeren positiven Sonnenhöhen die Abstandswerte besonders des A-Punktes im sekundären Maximum als das bessere Kriterium für die Beurteilung des atmosphärischen Reinheitsgrades anzusehen ist, besonders, weil hier die Schwankungen in der Lagebeziehung des A-Punktes zur Gegensonne am größten sind. Leider reichen die Beobachtungen in Babelsberg nicht so weit, daß in jedem Falle das sekundäre Maximum erfaßt worden ist. Wenn demgegenüber Jensen[4]) glaubt, dem Kriterium des sekundären Maximums weniger Bedeutung beimessen zu müssen, da es im allgemeinen sehr flach sei und Schwankungsungenauigkeiten das Ergebnis leicht fälschen können, so sprechen für die Heranziehung des sekundären Maximums doch schwerwiegende Gründe. So hat im sekundären Maximum der Arago-Punkt von der Sonne ein Minimum der Entfernung, wie Dahlkamp[5]) gezeigt hat. Die von der Sonne ausgehende Strahlung gelangt mit einem Maximum ihrer spektralen Zusammensetzung in den Entstehungsbereich des Arago-Punktes, wobei zu berücksichtigen ist, daß der Anteil der kurzwelligen Strahlung größer ist als zu irgend einem anderen Zeitpunkt, in welchem der A-Punkt beobachtet wird. Da, wie mehrfach nachgewiesen wurde, besonders die Intensität der kurzwelligen Strahlung mehr an den trübenden Partikeln gestreut wird und die Größenverhältnisse ihrer Lichtwelle zu der Struktur der Atmosphäre und der in ihr suspendierten Teilchen so gelagert ist, daß das an den Teilchen diffus gebeugte Licht vorherrschend einen Strahlenvektor hat, der im Sonnenvertikal schwingt, also negativ polarisiert ist, so muß in diesem Punkte auch ein Maximum der negativen Polarisation vorhanden sein. Bei Überschreiten des sekundären Maximums nimmt die Entfernung der Sonne vom Arago-Punkt zu, damit auch die von der Sonnenstrahlung durchlaufene Weglänge, was auch wegen Vergrößerung der Luftmasse und der Zunahme der trübenden Teilchen eine verstärkte Extinktion der kurzwelligen Lichtstrahlung zur Folge hat, wodurch sich schrittweise die spektrale Zusammensetzung des Lichtes, das in den Entstehungsbereich des neutralen Punktes eindringt, ändert. Der Schwerpunkt des Lichtes verlagert sich stetig zum roten Ende seines Spektrums. In entsprechender Weise nimmt der Strahlungsvektor, der in dem Sonnenvertikal schwingt, in der Größenordnung ab und die senkrecht dazu schwingende Komponente zu. Dieses bedingt eine schrittweise Abnahme der negativen Polarisation bis zum Erreichen des Minimums. Nach Erreichen des Minimums treten andere Verhältnisse auf, die uns hier nicht weiter interessieren.

Tabelle 2

Mittlere absolute Schwankungen der Jahresmittel des Arago-Abstandes

Ort	Zeitraum	Sonnenhöhen						
		+5,5°	+4,5°	+3,5°	+2,5°	+1,5°	+0,5°	−0,5°
Arnsberg	1909 — 1917	2,8	2,2	2,1	2,0	1,7	1,0	0,6
Bremen	1912 — 1917	—	2,4	2,0	1,7	1,3	0,9	0,7
Hamburg	1909 — 1917	2,2	2,2	2,2	2,0	1,7	1,2	1,2
Babelsberg	1912 — 1917	—	2,4	2,4	2,1	1,7	1,2	0,7

Jensen[6]) selbst weist gelegentlich der Untersuchungen über die Lage der neutralen Punkte der

[3]) *H. Neuberger*, Studies in Atmospheric Turbidity in Central Pennsylvania Studies Nr. 9. 1940.

[4]) *Chr. Jensen*, Handbuch der Geophysik, Bd. 8 S. 590. 1944.

[5]) *V. Dahlkamp*, Die Lage des Arago Punktes in Abhängigkeit von der Sonnen- und Himmelsstrahlung, Zeitschrift für Meteorologie 1946, S. 130.

[6]) *Chr. Jensen*, Ann. d. Hydr. Februar 1943 S. 44/45.

atmosphärischen Polarisation in Windhuk darauf hin, daß die Schwankungsgröße sowohl für den Arago- als auch für den Babinet-Punkt mit abnehmender Sonnenhöhe — in reiner Luft zum größten Teil bis — 0,5° ⊙ h — sinkt, wodurch die Beweglichkeit der Punkte bei tiefstehender Sonne stark abnimmt. Seine Untersuchungen sind in Tabelle 2 für den Arago-Punkt wiedergegeben.

Diese Tatsache, deren Entstehung Jensen offen läßt, erklärt sich, nach den vorstehenden Ausführungen, durch die Verlagerung des Schwerpunktes des Lichtes nach dem für die Polarisationserscheinungen trägeren Ende (rotem Ende) des Sonnenlichtes. Somit scheint es unverständlich, weshalb Jensen dem Punkt der größten Beweglichkeit, dem sekundären Maximum, für die Untersuchungen des Transparenzzustandes nicht die entsprechende Bedeutung glaubt beimessen zu brauchen. Nachstehend wird bei der Besprechung einiger Korrelationskoeffizienten von einem anderen Gesichtspunkte noch einmal auf diesen Problempunkt zurückgekommen.

Wohl ist, wie Jensen richtig betont, das sekundäre Maximum beim Arago-Punkt flach, aber wie hinzugefügt werden muß, nur bei äußerst reiner Luft mit einer großen Transparenz. Bei ausgeprägt reiner Luft mit einer geringen Zahl von trübenden Teilchen ist aber die Proportionalität zwischen dem sekundären Maximum und seiner Umgebung so eindeutig im Kurvenverlauf ausgeprägt, daß es in diesem Falle, wenn einmal eine Fehlmessung unterlaufen ist, gar nicht auf den speziellen Punkt ankommt, sondern statt seiner ein Punkt in der Nachbarschaft genommen werden kann, der, da das Instrument auf 0,1° genau abzulesen ist, im Schwankungsintervall der Sonnenhöhe von 0,2° liegen kann, ohne daß sich das Bild im Trübungsgrad der Atmosphäre wesentlich ändert. Wenn wir im Vergleich zu anderen Kurven zur Quotientenbildung schreiten, so erhalten wir weitgehend den gleichen Proportionalitätsfaktor unter Berücksichtigung der dritten Stelle nach dem Komma als reine Rechengröße, wie nachstehende Tabelle 3 zeigt.

bei ausgezeichnet reiner Luft, das Maximum als Punktgröße genau experimentell zu bestimmen. Wegen der klaren Proportionalität der Werte im sekundären Maximum zu seinen Nachbarwerten genügt z. B. beim A-Punkt die Bestimmung seiner Abstandswerte in einem Sonnenhöhenintervall von rund 0,5°. Schwankungsbreite, um noch hinreichend genau auf das sekundäre Maximum interpolieren zu können. Wenn Jensen weiterhin glaubt annehmen zu müssen, daß wegen des flachen Verlaufes der A-Kurve in der Nähe des Maximums in reiner Luft leicht Beobachtungsungenauigkeiten das Ergebnis fälschen könnten, so sind Beobachtungsungenauigkeiten auf Grund der eindeutigen Proportionalität bei der Verarbeitung der Beobachtungsreihen wohl leicht nach der Methode der Ausgleichsrechnung zu identifizieren.

Die beobachteten Werte der neutralen Punkte wurden bisher immer auf graphischem Wege ausgeglichen. Dieses Ausgleichsverfahren läßt aber, da die Kurve der neutralen Punkte, besonders die des A-Punktes, sowohl aus einem konkav wie konvex gekrümmten Ast besteht und die Lage des Wendepunktes, wie später noch gezeigt wird, ebenfalls von Bedeutung ist, den einzelnen Verfassern für den Ausgleich einen zu weiten Spielraum, wodurch besonders die Diskussion der Abstandswerte der neutralen Punkte bei verschiedenen Beobachtungsorten sehr erschwert wird. Deshalb möchten die Verfasser die Methode der fortschreitenden Differenzen vorschlagen, die eindeutigere Verhältnisse schafft, wodurch vorgenannte Schwierigkeit erheblich herabgemindert wird.

Ein weiteres Argument für die vorherrschende Bedeutung des sekundären Maximums dürfte die Größe der Korrelationskoeffizienten zwischen den Abstandswerten des Arago-Punktes im sekundären Maximum und der wahren Amplitude sein, wobei unter der wahren Amplitude die Differenz zwischen dem Abstandswert des neutralen Punktes im sekundären Maximum und seinem Abstandswert im Minimum zu verstehen ist. Wie aus Tabelle 4 ersichtlich, sind die Korrelationskoeffizienten für die verschiedensten Jahre

Tabelle 3

Sonnenhöhe	Arago-Abstand A_1 Datum 2. 10. 41	Arago-Abstand A_2 Datum 1. 9. 41	Quotient $Q = \frac{A_1}{A_2}$	Sonnenhöhe	Arago-Abstand A_1 Datum 2. 10. 41	Arago-Abstand A_2 Datum 1. 9. 41	Quotient $Q = \frac{A_1}{A_2}$
11,5°	20,71	19,85	1,043	10,4°	20,82	19,96	1,043
11,4°	20,73	19,86	1,044	10,3°	20,81	19,94	1,043
11,3°	20,74	19,87	1,044	10,2°	20,79	19,93	1,043
11,2°	20,76	19,89	1,043	10,1°	20,77	19,91	1,043
11,1°	20,77	19,91	1,043	10,0°	20,76	19,89	1,044
11,0°	20,78	19,92	1,043	9,9°	20,75	19,87	1,044
10,9°	20,79	19,93	1,043	9,8°	20,74	19,85	1,044
10,8°	20,80	19,95	1,043	9,7°	20,74	19,83	1,045
10,7°	20,81	19,96	1,043	9,6°	20,73	19,81	1,045
10,6°	20,83	19,97	1,043	9,5°	20,72	19,80	1,045
10,5°	20,84	19,98	1,043				

Wie die Erfahrung gezeigt hat, ist das sekundäre Maximum bei einer stärkeren optischen Trübung in der Atmosphäre als Einzelpunkt auch stärker ausgeprägt. Da der Pendelquadrant gestattet, einen Höhenunterschied von 0,1° genau abzulesen, so ist der Spielraum, um das sekundäre Maximum eindeutig zu bestimmen, hinreichend groß, so daß es ohne Schwierigkeit erfaßt werden kann. Es ist auch nicht erforderlich,

mit einem unterschiedlich optischen Reinheitsgrad berechnet.

Die Korrelationskoeffizienten zwischen dem Abstandswert des A-Punktes im sekundären Maximum und seiner wahren Amplitude sind in vorstehender Tabelle am größten und der wahrscheinliche Fehler am kleinsten, ein Beweis dafür, daß die Beziehung zwischen diesen beiden Reihen am engsten ist, während

Tabelle 4

Ort und Jahr	Nr.	Bezeichnung	Korrelationskoeffizient
Recklinghausen 1941/42	1	A-Abstand im sek. Maximum und A-Amplitude zwischen dem sek. Maximum und Minimum	+ 0,961 ± 0,021
	2	A-Abstand bei 5,5° ⊙ h und A-Amplitude zwischen 5,5° ⊙ h und Minimum	+ 0,874 ± 0,068
	3	A-Abstand bei 4,5° ⊙ h und A-Amplitude zwischen 4,5° ⊙ h und Minimum	+ 0,862 ± 0,075
	4	A-Abstand bei 5,5° ⊙ h und A-Amplitude sek. Max./Min.	+ 0,656 ± 0,164
	5	A-Abstand bei 4,5° ⊙ h und A-Amplitude sek. Max./Min.	+ 0,597 ± 0,185
Potsdam-Babelsberg 1940/42	1	A-Abstand im sek. Maximum und A-Amplitude zwischen dem sek. Maximum und Minimum	+ 0,902 ± 0,05
	2	A-Abstand bei 5,5° ⊙ h und A-Amplitude zwischen 5,5 ⊙ h und Minimum	+ 0,794 ± 0,11
	3	A-Abstand bei 4,5° ⊙ h und A-Amplitude zwischen 4,5 ⊙ h und Minimum	+ 0,677 ± 0,15
	4	A-Abstand bei 5,5° ⊙ h und A-Amplitude sek. Max./Min.	+ 0,782 ± 0,12
	5	A-Abstand bei 4,5° ⊙ h und A-Amplitude sek. Max./Min.	+ 0,692 ± 0,14
Hamburg 1910/11	1	A-Abstand im sek. Maximum und A-Amplitude zwischen dem sek. Maximum und Minimum	+ 0,941 ± 0,05
	2	A-Abstand bei 5,5° ⊙ h und A-Amplitude zwischen 5,5° ⊙ h und Minimum	+ 0,893 ± 0,09
	3	A-Abstand bei 5,5° ⊙ h und A-Amplitude sek. Max./Min.	+ 0,767 ± 0,17

jede andere Korrelationsbeziehung zwischen einer geringeren Sonnenhöhe und der ihr entsprechenden relativen Amplitude einen geringeren Wert hat, was auf eine losere Bindung hindeutet. Es soll aber nicht verkannt werden, daß der Korrelationskoeffizient zwischen dem Abstandswert des A-Punktes bei 5,5°⊙ h bzw. 4,5°⊙h und der ihnen entsprechenden Amplitude noch als gut oder doch wenigstens als annehmbar bezeichnet werden muß, wodurch zu erkennen ist und wir mit der Auffassung Jensens übereinstimmen, daß in dem Falle, wo das sekundäre Maximum experimentell nicht erfaßt ist, es wohl noch berechtigt erscheint, auf eine Sonnenhöhe bis zur unteren Grenze von 4,5° herunterzugehen, wenn man aus den Schwankungen der Abstandswerte bei positiven Sonnenhöhen Schlüsse auf den Trübungsgrad der Atmosphäre ziehen will. Die Sonnenhöhe von 4,5° scheint aber im wesentlichen, von speziellen Ausnahmefällen abgesehen, die untere Grenze zu sein, da mit sinkender Sonne die Schwankungen der neutralen Punkte, bezogen auf Sonne und Gegensonne, stark abnehmen, wie vorstehend ausgeführt wurde und wie es aus der starken Abnahme der Korrelationskoeffizienten zu erkennen ist. Der große Abfall der Korrelationskoeffizienten ist dadurch bedingt, daß in diesem Falle die positiven und negativen Abweichungen vom Mittelwert nicht mehr den Gesetzen des Zufalls unterworfen sind, wodurch sie an Beweiskraft einbüßen. Die größten Schwankungen der neutralen Punkte und somit die beste Verteilung der positiven und negativen Produkte um ihren Mittelwert nach den Gesetzen der Wahrscheinlichkeit ergab sich für die in Tabelle 5 aufgeführten Orte für die Korrelationsreihen des Abstandes des A-Punktes vom Gegensonnenpunkt im sekundären Maximum zu seiner wahren Amplitude. Wenn diese Beziehung für Recklinghausen im Vergleich zu Potsdam-Babelsberg mit + 0,961 zu + 0,902 zugunsten Recklinghausens ausfällt, so mag der Grund hierfür in dem Gebrauch des glasklaren Polariskops von Voss, mit dem die Messungen in Recklinghausen durchgeführt wurden, zu suchen sein, wodurch noch feinere, differenziertere Schwankungen in der Lage der neutralen Punkte erfaßt werden können als mit dem grünlich gefärbten Turmalin im Polariskop von Savart. Der Unterschied in den Koeffizienten zwischen den Orten Potsdam-Babelsberg und Hamburg, an denen die Beobachtungen des A-Punktes mit einem Gerät der gleichen Qualität ausgeführt wurden, rührt wohl daher, daß die Jahre 1910/11 als meteorologisch-optisch äußerst rein zu bezeichnen sind, wodurch das verarbeitete Zahlenmaterial in seinem Aufbau bedeutend homogener war als das von Potsdam-Babelsberg aus den Jahren 1940/42, die durch Teilstörungen meteorologischer Art verschiedentlich stärker getrübt waren.

Für die eindeutige Beurteilung des Transparenzzustandes der Atmosphäre darf man sich, wie vorstehend schon betont wurde, nicht auf ein Kriterium in der Analyse der neutralen Punkte beschränken, da man sonst Gefahr läuft, zu einem Fehlurteil verleitet zu werden. Ein Befund dieser Art erscheint um so richtiger und eindeutiger, wenn er durch ergänzende Kriterien gestützt wird. Aus den Versuchsreihen, die sich über fünf Jahrzehnte erstrecken, haben sich nachstehende Kriterien, die von Chr. Jensen im Handbuch der Geophysik S. 590 in systematischer Reihenfolge zusammengestellt sind, zur Beobachtung als besonders geeignet erwiesen:

1. Die Höhenlage der neutralen Punkte über der Sonne bzw. über der Gegensonne.

   Wie hinzugefügt werden soll und später in dieser Arbeit nachgewiesen wird, führt die Untersuchung über die Höhenlage des Arago-Punktes bei größeren Sonnenhöhen zu eindeutigeren und weiterreichenden Aussagen als die über den Babinet-Punkt.
2. Die Tages- und auch die Jahresamplitude.
3. Die Lage des Arago-Minimums besonders in Zeiten atmosphärischer Trübung.
4. Die Lage des sekundären Babinet-Maximums.
5. Der gegenseitige Abstand der Arago- und Babinet-Kurve.

Doch sei bemerkt, daß den vorstehenden Kriterien nicht in gleicher Weise die gleiche Beweiskraft zugebilligt werden kann. Das Kriterium 1 führt uns, wie vorstehend für den Arago-Punkt unter Berücksichtigung des Steilabfalles der Kurve von größeren positiven zu negativen Sonnenhöhen, zu der Aussage, daß das Jahr 1942 im Transparenzzustand der Atmosphäre reiner war als die Jahre 1940 und 1941. Jensen glaubt, aus früheren Untersuchungen den Schluß ziehen zu müssen, daß die Größenordnung der Amplitude gegenüber den Schwankungen der neutralen Punkte, besonders des A-Punktes, wobei zu berücksichtigen ist, daß hier die sogenannte relative Amplitude, d. h. die Abstandsdifferenz der Höhenlage des A-Punktes bei + 5,5° ⊙h und dem A-Minimum, ein Vorzug zu geben ist. Die relativen Amplituden der Jahre 1940/42 aus Potsdam-Babelsberg und die der Jahre 1941/42 aus Recklinghausen sind im Vergleich zu anderen Jahren und anderen Orten in Tabelle 5 zusammengestellt.

Tabelle 5

Arago-Amplitude zwischen 5,5° ⊙ h und Arago-Minimum

Jahr	Potsdam-Babelsberg	Arnsberg	Bremen	Recklinghausen
1912	7,9	—	—	—
1913	8,0	—	—	—
1914	3,2	3,3	3,4	—
1915	2,4	2,3	2,7	—
1916	1,9	2,0	2,1	—
1940	3,5	—	—	—
1941	3,2	—	—	4,2
1942	2,9	—	—	4,0

Bei der Gegenüberstellung der Amplituden aus den verschiedensten Jahren für Babelsberg sieht man, daß 1916 als das reinste Jahr anzusehen ist, was auch die Amplituden aus den Vergleichsorten Arnsberg und Bremen bestätigen. Die Jahre 1940/42 sind entsprechend der Größe ihrer Amplituden zu dem Vergleichsjahr 1916 nicht ohne optisch-meteorologische Trübungen gewesen. In welchen Zeiträumen die einzelnen Trübungsperioden lagen, wird nachstehend noch im einzelnen untersucht. Der Vergleich dieser Jahre mit den vorstehenden zeigt, daß der Trübungsgrad der Atmosphäre im Jahre 1940 auf Grund der Größe seiner Amplitude größer war als der im Jahre 1914, wo wir im Frühjahr noch einzelne Nachstörungen der Katmaitrübung zu verzeichnen hatten, wie die Kurven von Jensen[7]) und Wigand[8]) charakteristisch zeigen. Das Jahr 1941 zeigt in seiner Amplitude den gleichen jährlichen Trübungsgrad wie das Jahr 1914, während das Jahr 1942 zwischen 1914 und 1915 einzustufen ist, wobei erwähnt werden muß, daß das Ende des Jahres 1914 und das Jahr 1915 als optisch wenig getrübt anzusehen sind. Der Vergleich der Jahre 1940/42 mit Hilfe der entsprechenden Jahresamplituden führt in der Rangordnung für Babelsberg und Recklinghausen zu dem gleichen Ergebnis, das wir schon aus den Abstandsentfernungen des A-Punktes von der Gegensonne bei größeren Sonnenhöhen gewonnen hatten. Vergleichen wir die Amplituden von Babelsberg mit denen von Arnsberg in den Jahren 1914/16, so ist festzustellen, daß sie in ihrer Größe gut übereinstimmen. Aus den Untersuchungen von Busch ist bekannt, daß Arnsberg für meteorologisch-optische Untersuchungen eine lokal reine Atmosphäre hat, ungetrübt von einer zusätzlichen Trübungsschicht, wie sie Hamburg nach Untersuchungen von Jensen aufzuweisen hat. Die gleiche Annahme wie für Arnsberg müssen wir an Hand der vorstehenden Amplituden auch für Babelsberg machen. Demgegenüber sind die Amplituden in Recklinghausen für die Jahre 1941/42 bedeutend größer als die entsprechenden Jahresamplituden von Babelsberg. Die Ursache hierfür ist wohl darin zu suchen, daß die Luft in Recklinghausen, das am Nordrand des Ruhrgebietes liegt, durch dessen Abgase und Fremdstoffpartikel bei den vorherrschenden Südwestwinden eine zusätzliche Trübung aufweist, die wir ceteris paribus als konstante Größe annehmen dürfen. Diese Größe würde, wenn wir den meteorologisch-optischen Reinheitsgrad von Babelsberg als Norm annehmen, für Recklinghausen eine Zusatztrübung von 1,0 bis 1,1 in der Größenordnung der Amplitude hervorrufen. Hieraus erkennen wir, wie stark beim Vergleich des Trübungsgrades verschiedener Orte die lokalen Trübungsfunktionen in Rechnung gestellt werden müssen.

Bevor die einzelnen Trübungsperioden in den Jahren 1940/42 untersucht werden, wollen wir feststellen, welche Angaben wir über den Transparenzzustand der Atmosphäre aus den Babinet-Jahresdurchschnittskurven erhalten.

Tabelle 6

Jahr	Abstandswerte des Babinet-Punktes im Sonnenhöhenbereich von + 7,5° bis — 5,5°													
⊙ h	7,5°	6,5°	5,5°	4,5°	3,5°	2,5°	1,5°	0,5°	— 0,5°	— 1,5°	— 2,5°	— 3,5°	— 4,5°	— 5,5°
	Babelsberg													
1940	14,4	15,0	15,6	16,2	16,8	17,3	17,8	**18,2**	18,1	17,9	17,6	18,1	18,6	19,3
1941	14,3	14,9	15,5	16,0	16,5	17,0	17,5	18,0	**18,2**	18,0	17,9	18,1	18,5	19,0
1942	14,6	15,0	15,5	15,9	16,3	16,8	17,2	17,5	**17,7**	17,3	17,1	17,3	17,7	18,2
	Recklinghausen (grün)													
1942	16,3	16,7	17,1	17,4	17,8	18,2	**18,4**	18,3	17,6	16,9	16,3	16,4	17,1	19,0
	(weiß)													
1942	14,7	15,0	15,4	15,7	16,1	16,4	16,8	17,0	**17,1**	16,9	16,6	16,2	15,9	—

Abgesehen von den Abstandswerten des Babinet-Punktes bei größeren Sonnenhöhen, die hier eng zu-

[7]) *Chr. Jensen*, Gerl. Beitr. z. Geophys. Bd. 55 1939 S. 330.
[8]) *A. Wigand*, Physik, Zeitschr. Bd. 18 1917 S. 237—240.

sammenliegen und keinen eindeutigen Schluß auf den Transparenzzustand der Atmosphäre zulassen, wie auch schon vorstehend unter Kriterium 1 bemerkt wurde, ist die Verschiebung der Lage des sekundären Maximums nach positiven Sonnenhöhen ein besseres Kennzeichen für den Trübungsgrad der Atmosphäre (Tab. 6). Das sekundäre Maximum liegt 1940 bei + 0,5° ⊙ h, während es 1941 und 1942 bei — 0,5° ⊙ h liegt. Die Verschiebung nach positiven Sonnenhöhen ist nach den experimentellen Befunden im Sinne einer stärkeren Trübung der Atmosphäre zu deuten, wodurch zu erkennen ist, daß 1940 getrübter war als 1941 und 1942. Der geringere Abstandswert des sekundären Maximums vom Jahre 1942 mit 17,7° zu 18,2° im Jahre 1941 spricht für einen durchschnittlich größeren Reinheitsgrad der Atmosphäre des Jahres 1942 gegenüber 1941. Der Trübungsgrad der Atmosphäre zwischen den Jahren 1941 und 1942 ist jedoch nicht so scharf ausgeprägt wie bei der Analyse des Arago-Punktes.

Ebenso scheint nach der Auffassung von Dorno die Differenz zwischen der Arago- und Babinet-Kurve ein gutes Kriterium für den Reinheitsgrad der Atmosphäre zu sein; so aufgefaßt, daß die Atmosphäre reiner ist, je größer die Abstandsdifferenz zwischen den beiden Kurven ist, wobei eine Vorzeichenumkehr auf

dürfen wir das Jahr 1942 als das reinste und das Jahr 1940 als das getrübteste Jahr ansehen, während das Jahr 1941 auf Grund seiner Differenzwerte dazwischen einzustufen ist. Der Gang ist für alle Jahre gut ausgeprägt. Dieses Verhalten der Differenzen steht im guten Einklang mit den Aussagen über den Trübungsgrad der Atmosphäre in den Jahren 1940/42, die wir an Hand des Kriteriums über die Punktabstände des Arago-Punktes und der relativen Arago-Amplitude gefunden haben. Für größere positive Sonnenhöhen versagt in wesentlichen Punkten das Kriterium der Abstandsdifferenzen, wie aus Tabelle 8 zu ersehen ist.

Diese Diskrepanz in den Werten der Differenzen ergibt sich nicht nur für Babelsberg — Recklinghausen ist nur zum Vergleich herangezogen —, sondern sie ist auch von Busch, Jensen und Dorno in Analysen festgestellt worden, die sich über größere Zeiträume erstreckten als die, welche wir bei unseren Untersuchungen zugrunde gelegt haben, ohne daß sie eine Erklärung für das gegensätzliche Verhalten angeben konnten. Diese Variabilität führen wir vornehmlich auf atmosphärische Turbulenzerscheinungen zurück, die an der Sonnenseite nach unseren Beobachtungen bei hochstehender Sonne stärker ausgeprägt sind als auf der Gegensonnenseite.

Tabelle 7

Jahr	Ort	Differenz zwischen den Arago- und Babinet-Abstandswerten im Sonnenhöhenbereich von − 0,5° bis − 3,5°			
		⊙ h − 0,5°	− 1,5°	− 2,5°	− 3,5°
1940	Potsdam-Babelsberg	0,4	0,3	0,7	1,6
1941		0,7	0,4	1,0	1,9
1942		0,7	1,0	1,3	2,5
1942	Recklinghausen	0,5	0,1	0,0	1,2

eine stark getrübte Atmosphäre schließen läßt, wie es die aus den Jahren 1912/13 analysierten Werte, die bei der Trübung der Atmosphäre durch den Katmaiausbruch aufgenommen sind, zeigen. Nach den experimentellen Befunden kommt für die Beurteilung des atmosphärischen Reinheitsgrades besonders der Sonnenhöhenbereich von — 0,5° bis — 2,5° für die Untersuchung in Frage. Der Abstand der Kurven ist in

Wenn Busch[9]), Dorno[10]) und Jensen[11]) in ihren Arbeiten wiederholt darauf hinweisen, daß durch die große allgemeine atmosphärische Trübung, die gegen Ende des Jahres 1912 einsetzte und mit wechselnder Intensität bis tief in das Jahr 1914 andauerte, der Babinet-Punkt mehr beeinflußt wurde als der Arago-Punkt, was sich besonders in den großen wechselnden Schwingungsamplituden dieses Punktes

Tabelle 8

Jahr	Differenz zwischen den Arago- und Babinet-Abstandswerten im Sonnenhöhenbereich von + 7,5° bis + 0,5°							
	⊙ h 7,5°	6,5°	5,5°	4,5°	3,5°	2,5°	1,5°	0,5°
				Babelsberg				
1940	8,1	7,2	6,1	4,9	3,7	2,6	1,6	0,7
1941	7,7	6,9	6,1	5,4	4,5	3,5	2,5	1,4
1942	7,0	6,5	5,7	4,9	4,1	3,0	2,2	1,3
				Recklinghausen				
1942	6,6	6,0	5,2	4,5	3,6	2,8	1,9	1,1

diesem Bereich um so größer, je reiner die Atmosphäre ist. Die Differenzen sind in Tabelle 7 zusammengestellt.

Wie aus der Tabelle zu entnehmen ist, finden wir die größten Abstandswerte im vorgegebenen Sonnenhöhenbereich für das Jahr 1942, während das Jahr 1940 die kleinsten Abstandsdifferenzen zeigt. Somit

zeigt, so ist das nach den vorstehenden Ausführungen erklärlich.

[9]) *Busch*, Met. Z. Bd. 30 S. 321 1913.

[10]) *Dorno*, Met. Z. Bd. *30* S. 71 1913; *30* S. 464 1913; *34* S. 153, 246 1917; *36* S. 109, 181 1919.

[11]) *Jensen*, Met. Z. Bd. *30* S. 81 1913; Jährl. Handb. Wiss. Anst. *33*, 3. Beiheft 1915.

Zum Schluß unserer Untersuchungen über den Transparenzzustand der Atmosphäre mit Hilfe der Kriterien über den B-Punkt ziehen wir die Babinet-Amplitude in unsere Überlegungen ein, um festzustellen, welcher Wert dieser zur Bestimmung des Reinheitsgrades der Atmosphäre beizumessen ist. Unter der B-Amplitude verstehen wir die Differenz des Babinet-Abstandes im sekundären Maximum zu seinem Minimum. Die Werte finden sich in Tabelle 9.

Tabelle 9

Jahr	Ort	B.-Amplitude sek. Max/Min.
1940	Babelsberg	0,6
1941		0,3
1942		0,6
1942	Recklinghausen	2,1 (grün) 1,2 (weiß)

Beim Vergleich der Amplituden untereinander für Babelsberg in den Jahren 1940/42 stellen wir fest, daß die Jahre 1940 und 1942 die gleiche Amplitude haben, dieses würde für den gleichen Reinheitsgrad der Atmosphäre in den beiden Jahren sprechen, was im Widerspruch zu unseren früheren Aussagen stehen würde. Vergleichen wir die vorstehenden Amplitudenwerte, mit dem vom Jahre 1916, der mit 2,3 angegeben wird, so würden die Amplitudenwerte des B-Punktes einen Reinheitsgrad angeben, der noch weit besser ist als das von mehreren Seiten als meteorologisch-optisch sehr rein bezeichnete Jahr 1916. Hieraus erkennen wir, daß die B-Amplitude nicht reell sein kann. Schon Roggenkamp[12]) fand einen weitgehenden Unterschied zwischen den Aussagewerten über den Reinheitsgrad der Atmosphäre, die er aus der B-Amplitude und der A-Amplitude ableitete. Da die Differenzenbildung bei entsprechendem Trübungszustand der Atmosphäre sich bis in den Bereich der positiven Sonnenhöhen für die Punktabstände des B-Punktes erstreckt, ist aus den vorstehenden Ausführungen wohl ersichtlich, daß keine gesetzmäßige Beziehung zu erwarten ist. Gleichzeitig sei mitgeteilt, daß ein großer Prozentsatz der in den vorstehenden Jahren aufgenommenen Babinet-Kurven kein sekundäres Maximum zeigen, während bei dem größten Teil der verarbeiteten Kurven das Maximum nur schlecht ausgeprägt war. Infolge der starken Variabilität in den Schwankungen der Abstände des B-Punktes bei größeren positiven Sonnenhöhen, bedingt durch zufällige, zeitlich sich ändernde progressive Dichteschwankungen in der Atmosphäre, dürften beim Ausgleich oft die charakteristischen Merkmale verdeckt oder stark herabgesetzt sein.

Einer der Verfasser — Dahlkamp[13]) — hat in seiner Arbeit detailliertere Untersuchungen über die B-Amplitude durchgeführt und gefunden, daß das Kriterium 2 nur in Verbindung mit dem Kriterium 4 geeignet ist, Aussagen über den Reinheitsgrad der Atmosphäre zu machen. Nach diesen Ausführungen sind die Jahre wie folgt einzustufen: 1942, 1941, 1940, wobei 1942 das reinste und 1940 das getrübteste Jahr war. Wir finden auch hier wieder die gleiche Rangordnung wie bei den vorstehenden Untersuchungen über den Reinheitsgrad der Atmosphäre mit Hilfe der Arago-Abstände und Amplituden. Zu beachten ist ferner, daß sich das Maximum in trüben Jahren nach +-Sonnenhöhen verschiebt. Der Reinheitsgrad des Jahres wird auch charakterisiert durch den Abstand der Sonnenhöhen untereinander beim Maximum und Minimum. Je kleiner der Abstand zwischen den Sonnenhöhen beim Maximum und Minimum ist, als desto reiner dürfen wir das Jahr ansprechen.

Die Überlegungen zeigen aber, daß die Jahres-Babinet-Amplitude allein kein vollwertiges Kriterium für die Untersuchungen des Transparenzzustandes der Atmosphäre ist; und es bedarf der weiteren Beobachtung und Forschung, um hier Klarheit zu schaffen.

II. Teil: Trübungsperioden

Um nun eingehender etwas über die Trübungsperioden in den einzelnen Jahren zu erfahren, müssen die Untersuchungen detaillierter geführt werden. Nach den Untersuchungen von Roggenkamp[14]), Smosarski[15]) und Neuberger (USA)[16]), welche den Transparenzzustand der Atmosphäre in den einzelnen Jahreszeiten mit Hilfe der Arago-Abstandswerte bei kleineren positiven und negativen Sonnenhöhen untersucht haben, hat sich gezeigt, daß die Trübungsperioden sich auf das Jahr wie folgt verteilen: Winter reiner als Frühjahr, Herbst und Sommer, der Herbst reiner als das Frühjahr und der Sommer die getrübteste Zeit des Jahres. Roggenkamp gibt in seiner Arbeit die Abstände des Arago-Punktes von + 2,5° bis — 4,5° ⊙ h vom Gegenpunkt der Sonne für die Sommer- und Winterwerte an, wobei er das Sommerhalbjahr von April bis Oktober faßt. Jensen[17]) hat diese Werte von Roggenkamp zu einem Mittelwert zusammengefaßt, um Vergleichswerte mit den Untersuchungen von Smosarski und Neuberger, die beide die Schwankungen des Arago-Punktes in den entsprechenden Jahresreihen für eine feststehende Sonnenhöhe von + 2,5° untersuchten, zu erhalten, und kommt für Münster zu einem gleichen Ergebnis wie die beiden anderen Autoren.

Aus theoretischen Gründen kann man sich mit der Methode von Smosarski und Neuberger, die Schwankungsunterschiede der Arago-Abstände bei festgehaltener Sonnenhöhe z. B. wie sie es ausführten, bei + 2,5°, einverstanden erklären, weil die Voraussetzung gleichbleibender Luftmasse gegeben ist. Wie aber später noch gezeigt werden soll, lassen sich gegen diese Methode, die willkürlich die Schwankungen der Abstandswerte bei einem bestimmten Sonnenintervall vor den anderen bevorzugt, Bedenken erheben, die nicht übersehen werden können. Die vorstehend aufgeführte Reihenfolge in dem jahreszeitlichen Reinheitsgrad der Atmosphäre: Winter, Herbst, Frühjahr, Sommer ist durch meteorologisch-optisch bedingte Effekte hervorgerufen, während entsprechende Abweichungen von dieser Reihenfolge meistens durch terrestrische oder kosmische Staubtrübungen bedingt sind. In unserer Untersuchung über die jahreszeitlichen Schwankungen des Arago-Punktes sind die einzelnen

[12]) *Fr. Roggenkamp*, Die neutralen Punkte von Arago und Babinet in Münster in den Jahren 1910—1929. Diss. 1931 Hamburg.

[13]) *V. Dahlkamp*, Beiträge zur Untersuchung des atm. Reinheitsgrades. Erscheint demnächst in dieser Zeitschrift.

[14]) *Fr. Roggenkamp*, loc. cit.

[15]) *W. Smosarski*, Gerl. Beitr. z. Geophys. Bd. 27 S. 426. 1930.

[16]) *H. Neuberger*, Studies in Atmospheric Turbidity in Central Pennsylvania. Studies Nr. 9. 1940.

[17]) *Chr. Jensen*, Handbuch der Geophysik, Bd. 8 S. 591, 1944.

Jahreszeiten nach der bürgerlichen Jahreseinteilung zusammengefaßt, wobei die einzelnen Jahreszeiten immer auf volle Monate abgerundet wurden.

Die Abstandswerte für die einzelnen Jahreszeiten der Jahre 1940/42 sind für Potsdam-Babelsberg und Recklinghausen in Tabelle 10 zusammengestellt.

4,5° Sonnenhöhe als untere Grenze — die Abstandswerte miteinander, beachten wir auch gleichzeitig die Schlußfolgerungen, die wir aus den korrelativen Beziehungen zwischen Abstand und entsprechender Amplitude gezogen haben, so sieht man, daß die Sommerwerte die des Frühjahrs übersteigen, wie auch aus den

Tabelle 10

Die Abstände des Arago-Punktes nach Jahreszeiten in dem Sonnenhöhenbereich zwischen + 7,5° und — 5,5°

Jahreszeit	7,5°	6,5°	5,5°	4,5°	3,5°	2,5°	1,5°	0,5°	0,5°	−1,5°	−2,5°	−3,5°	−4,5°	−5,5°
							Babelsberg 1940							
Frühjahr	22,9	22,6	22,2	21,6	21,3	20,7	20,0	19,3	18,5	17,9	17,7	19,0	21,6	24,0
Sommer	—	22,1	21,9	21,6	21,1	20,6	19,9	19,2	18,4	17,8	17,6	18,8	21,4	24,3
Herbst	—	21,5	20,8	20,6	19,9	19,6	19,1	18,7	18,3	18,2	18,7	20,4	22,7	25,7
Winter	—	—	—	20,3	19,7	19,2	18,9	18,6	18,2	18,4	18,8	20,6	23,6	26,9
							Babelsberg 1941							
Frühjahr	—	—	—	—	—	—	—	—	—	—	—	—	—	—
Sommer	—	21,9	21,8	21,6	21,4	20,7	20,0	19,2	18,7	18,3	18,4	19,2	21,5	23,4
Herbst	—	21,4	21,3	20,8	20,5	20,2	19,7	19,1	18,6	18,2	19,4	20,8	23,4	26,9
Winter	—	—	20,9	20,5	20,3	20,1	19,6	19,0	18,4	17,9	18,3	20,6	23,8	25,4
							Babelsberg 1942							
Frühjahr	21,7	21,6	21,4	20,9	20,5	20,1	19,6	19,2	18,6	18,2	18,9	20,6	23,3	24,7
Sommer	22,5	22,1	21,6	21,1	20,5	19,8	19,1	18,3	17,9	17,4	17,3	18,3	20,0	22,1
Herbst	21,5	21,2	20,8	20,3	19,8	19,3	18,7	18,0	17,7	18,1	19,1	20,7	22,4	24,7
Winter	—	—	—	—	—	—	—	—	—	—	—	—	—	—
							Recklinghausen 1941							
Frühjahr	23,3	22,6	21,9	21,3	20,6	19,9	19,2	18,5	17,9	17,5	17,7	18,9	20,4	22,0
Sommer	21,6	21,0	20,5	19,9	19,4	18,8	18,3	17,7	17,2	16,7	16,7	17,2	19,8	24,0
Herbst	20,0	19,4	18,9	18,3	17,8	17,3	16,7	16,3	16,0	16,1	16,7	—	—	—
Winter	—	—	—	—	—	—	—	—	—	—	—	—	—	—
							Recklinghausen 1942							
Frühjahr	22,1	22,0	21,8	21.4	21,0	20,5	20,0	19,6	19,0	18,2	18,0	18,2	19,7	28,7
Sommer	23,0	22,9	22,7	22,4	21,9	21,3	20,9	20,0	19,3	18,9	18,8	19,4	22,1	27,5

Würden wir uns bei der Verarbeitung der Abstandswerte des A-Punktes von der Gegensonne in den einzelnen Jahreszeiten, nehmen wir z. B. das Jahr 1942, der Methode von Smosarski und Neuberger bedienen, so müßten wir unter alleiniger Beschränkung auf die Abstandswerte des A-Punktes für eine Sonnenhöhe von + 2,5° für Babelsberg zur folgenden Entscheidung für den jahreszeitlichen Transparenzzustand

Tabelle 11

Amplituden der vorstehenden Reihen im Sonnenhöhenbereich von + 5,5° bis Minimum

Jahreszeit	Babelsberg			Recklinghausen	
	1940	1941	1942	1941	1942
Frühjahr	4,5	—	3,2	4,4	3,8
Sommer	4,3	3,5	4,3	3,8	3,9
Herbst	2,6	3,1	3,1	2,9	—
Winter	2,1	3,0	–	—	—

kommen: Herbst reiner als Sommer und Frühjahr und das Frühjahr getrübter als der Sommer; in Recklinghausen liegen die Verhältnisse anders, hier ist das Frühjahr reiner als der Sommer. Die für Babelsberg zwischen Frühjahr und Sommer gezogene Schlußfolgerung bezüglich des Trübungsgrades der Atmosphäre steht im Widerspruch zu den früher aufgezeigten Kriterien über den A-Punkt. Vergleichen wir an Hand der Tabelle 10 bei größeren Sonnenhöhen — etwa bis

Amplituden (Tabelle 11) klar zu ersehen ist und auch die Abstandswerte des A-Punktes im blauen Licht in Recklinghausen im Jahre 1942 eindeutig zeigen. Nach der Auffassung Jensens sprechen die letzteren Kriterien alle für eine getrübtere Atmosphäre im Sommerhalbjahr 1942 als im Frühjahr. Somit würde die Schlußfolgerung, die wir über den Transparenzzustand der Atmosphäre nach der Methode Smosarskis und Neubergers ziehen müssen, zu einer Fehlbeurteilung des jahreszeitlichen Trübungszustandes führen. Der Grund liegt wohl darin, daß in diesem speziellen Falle der Abstandswert des A-Punktes von 19,8° etwas unter dem Wendepunkt der A-Kurve liegt. Wir sehen, daß diese Methode in Ausnahmefällen versagt und zu Fehlschlüssen führt, wenn der zu untersuchende Abstandswert der Wendepunkt selbst ist oder in einem kleinen Schwankungsintervall unterhalb des Wendepunktes liegt. Der Steilabfall der A-Kurve von größeren positiven Sonnenhöhen zu seinem Minimum, die Verlagerung des Minimums zu größeren negativen Sonnenhöhen, die starke Abstandsverminderung des Arago-Punktes vom Gegensonnenpunkt bei kleineren negativen Sonnenhöhen haben sich neben der Untersuchung der Abstandswerte bei größeren positiven Sonnenhöhen als bessere Kriterien für die jahreszeitliche Trübung erwiesen als der Vergleich der Abstandswerte im Fixpunkt von + 2,5° Sonnenhöhe. Auch die Amplituden in Tabelle 11 zeigen klar, wie sich die jahreszeitlichen Trübungen verteilen. In allen untersuchten Jahren sind Herbst und Winter reiner als Sommer und Frühling. Zwischen Sommer und Frühling besteht eine Diskrepanz, die noch zu klären bleibt.

Daß die Verschiebung des Minimums und die Abstandsentfernungen bei kleinen negativen Sonnenhöhen als ein Maß für den auftretenden optischen Trübungsgrad gewertet werden können, fanden Dorno und Jensen durch vergleichende Messungen aus dem Verhalten der Sonnenstrahlungsintensitäten und anderen meteorologischen Daten. Die von Dorno und Jensen gegebenen Erklärungen über die Ursache und ihre Zusammenhänge können jedoch nicht restlos befriedigen. In erster Annäherung dürfen wir wohl die Atmosphäre als ein kolloiddisperses System annehmen, das sowohl aus Gasmolekülen im Vakuum aufgebaut ist, als auch aus Gas als Lösungsmittel, in dem feste und flüssige Teilchen von den Dimensionen eines Moleküls sowie auch von Teilchen, die mit der Größenordnung der Wellenlängen des Lichtes vergleichbar sind oder noch größere Dimensionen haben, entweder gelöst sind oder darin schweben. Somit besteht dieses disperse System in Wirklichkeit aus Elementen verschiedener Größe und Struktur. Da der Polarisationsgrad des Lichtes, das von einem Teilchen gestreut wird, in erster Linie eine Funktion der Teilchengröße ist, so muß die Verschiedenartigkeit der Teilchen die Polarisation in der Weise beeinflussen, daß das Verhältnis der positiven zur negativen Polarisationskomponente variiert, und zwar zugunsten der negativen Polarisation, wenn die Größenverhältnisse mit der Wellenlänge des Lichtes vergleichbar sind. Bei Größenverhältnissen der Teilchen, etwa größer als 10^{-5} cm tritt sowohl positive wie auch negative Polarisation auf. Da feste Staubteilchen durchschnittlich von der Größenordnung 2 bis $5 \cdot 10^{-4}$ cm sind, während mineralischer Staub nach Faber[18]) hauptsächlich einen Radius von 1 bis $5 \cdot 10^{-4}$ cm hat, ist klar, daß eine von Staub getrübte Atmosphäre eine Vergrößerung der negativen Polarisationskomponente hervorrufen muß. Diese Teilchen verschiedener Größe und Struktur werden nun durch die Vertikalströmung in der Atmosphäre im Laufe des Tages in mehr oder weniger hohe Luftschichten hinauftransportiert und über größere Räume verteilt, so daß man gewöhnlich von einer gegenseitigen Beleuchtung der Teilchen absehen kann. Infolge der bei Sonnenuntergang abnehmenden Temperaturen senken sich die Atmosphärenschichten und erreichen eine größere Stabilität. In entsprechender Weise sinken die trübenden Teilchen infolge des Auftriebverlustes ebenfalls ab. Diese Teilchen sind meistens von der Größenordnung, wie die Verfasser[19]) zeigen konnten, vergleichbar mit der Wellenlänge des Lichtes und liefern somit einen Beitrag zur negativen Polarisation. Auf Grund ihres verringerten gegenseitigen Abstandes, der wohl eine sekundäre Beleuchtung bewirken kann, wodurch eine Verkleinerung der Polarisation hervorgerufen wird, sowie der zunehmenden Dichte, die eine starke Vergrößerung der Teilchenoberfläche bedingt, und bei passender Zahl der Teilchen können sie das Licht vollständig depolarisieren. Dieses von den Teilchen depolarisierte Licht wird zum größten Teil infolge der diffusen Streuung in die Atmosphäre zurückgeworfen und ist einer weiteren Polarisation zugänglich. Da durch diesen Vorgang ein großer Teil der Teilchen, die in den höheren Schichten sich befanden, ausgefiltert ist, so dürften die zurückgebliebenen Teilchen nur noch in einem stark gelichteten Zustand vorhanden sein. Weiterhin dürfte ihre Größe so gelagert sein, daß sie im Vergleich zur Wellenlänge des Lichtes, das bei tiefer stehender Sonne seinen Schwerpunkt mehr zum roten Ende des Spektrums hin verlagert, als klein anzusehen ist, so daß sie im Sinne der Reyleigh'schen Theorie überwiegend das Licht positiv polarisieren, und so ist es erklärlich, daß bei sinkender Sonne, etwa kleiner als 10,5° ☉h, eine Abnahme des im Sonnenvertikal schwingenden Vektors zu verzeichnen ist. Je getrübter die Atmosphäre ist, desto größer muß die Zahl der das Licht diffus streuenden und depolarisierenden Teilchen sein, desto mehr Licht dringt in die Atmosphäre ein, das einer neuen Polarisation im positiven Sinne zugänglich ist. Das hat ein starkes Übergewicht der positiven Polarisationskomponente zur Folge, wodurch das starke Gefälle der Arago-Kurve von größeren positiven Sonnenhöhen zu negativen bis zum Erreichen des Minimums in Zeiten größerer Trübung erklärt werden kann. Nach Erreichen des Minimums treten andere Ursachen für den Polarisationseffekt auf, die für unsere weiteren Untersuchungen unwesentlich sind, über die aber Dahlkamp[20]) in seiner Arbeit über die Lage des Arago-Punktes in Abhängigkeit von der Sonnen- und Himmelsstrahlung und den Dämmerungserscheinungen eine Erklärung gegeben hat.

Auf Grund vorstehender Überlegung ist der Experimentalbefund Dornos[21]) deutbar, der feststellte, daß die negative Polarisation bei Zunahme der Horizonthelligkeit zunimmt, während eine Vergrößerung der positiven Polarisation bei einer Verdunkelung des natürlichen Horizontes eintritt, da bei entsprechend großer diffuser Reflexion an den getrübten erdnahen Luftschichten sowie einer stärkeren Absorption des Lichtes in denselben nur ein geringer Prozentsatz des die Atmosphäre durchlaufenden Lichtes zum natürlichen Horizont gelangen kann. Das reflektierte Licht liefert einen entsprechenden zusätzlichen positiven Polarisationseffekt in der Atmosphäre. Der erste Beobachtungspunkt Dornos erklärt sich nach den vorstehenden Ausführungen von selbst.

Jensen[22]) stellte auf Grund von Vergleichsmessungen in Ilmenau und auf Helgoland fest, daß die Winter- und Sommer-Kurven des Erdschattens eine deutliche Abhängigkeit vom Reinheitsgrad der Atmosphäre aufweisen, und zwar wurde bei einer reinen Atmosphäre ein schnellerer Anstieg des Erdschattens festgestellt als bei getrübter Luft. Dieses erklärt sich wohl dadurch, daß bei getrübter Luft die unteren diffus streuenden Luftschichten eine zusätzliche Intensitätskomponente des Lichtes in die Atmosphäre zurückwerfen, die als sogenanntes Himmelslicht eine zusätzliche Aufhellung der Randzonen des Erdschattens bedingt, um seine progressive Ausdehnung zu verzögern. Diese Tatsache ist um so stärker zu verzeichnen, je getrübter die Atmosphäre ist. Somit ist der beobachtete Gleichlauf zwischen der starken Abnahme der negativen Polarisationskomponente von kleineren positiven Sonnenhöhen bis zum Arago-Minimum und die Verzögerung in der Ausbreitung des Erdschattens erklärbar.

Will man bei negativen Sonnenhöhen den jährlichen Trübungsgrad der Atmosphäre oder seine Abhängigkeit

[18]) *Faber*, Staub 1936.

[19]) *V. Dahlkamp* u. *H. Kantus*, Ann. d. Hydr. u. Mar. Met. Mai 1944, S. 135—137.

[20]) *V. Dahlkamp*, Zeitschrift für Met. 1946, S. 130.

[21]) *O. Dorno*, Himmelshelligkeit und Himmelspolarisation usw. S. 132 ff. Veröff. d. Preuß. Met. Inst. 303, 1919.

[22]) *Chr. Jensen*, Gerl. Beitr. zur Geophys. Bd. 35 (1932) S. 166 ff.

von den jahreszeitlichen Einflüssen untersuchen, so ergeben sich hier die umgekehrten Verhältnisse wie bei positiven Sonnenhöhen, was eindeutig aus der Tabelle 10 zu entnehmen ist, d. h., je reiner die Atmosphäre, desto größer muß für verschiedene Jahreszeiten bei kleineren negativen Sonnenhöhen der Abstand des Arago-Punktes von der Gegensonne sein. Dieses bedingt aber für die verschiedenen getrübten Jahreszeiten eine Umkehr des Vorzeichens in der Differenzenbildung zwischen den Arago-Abständen bei gleicher Sonnenhöhe. Vorstehende Erklärung für die Tendenz der Vorzeichenumkehr im Verhalten des Verlaufes des A-Punktabstandes zwischen den verschieden getrübten jahreszeitlichen Perioden für ein und denselben Ort ist nicht an diese Perioden an dem gleichen Ort gebunden, sondern zeigt sich auch in eindeutiger Weise für Orte mit verschiedenem örtlich bedingten Reinheitsgrad. So zeigte Jensen[23][24]), daß an zwei ausgesuchten Tagen, wo sich die beiden Vergleichsorte Hamburg und Arnsberg i. W. in einem ausgedehnten Hochdruckgebiet befanden und an beiden Orten der Himmel tiefblau und frei von störenden Wolken war, daß die Vorzeichenumkehr in der Differenz der Arago-Punktabstände zwischen Hamburg und Arnsberg ebenfalls eintrat, wie nachstehende Tabelle 12 in eindeutiger Weise zeigt.

Tabelle 12

Differenz zwischen den Arago-Punktabständen im Sonnenhöhenbereich $+1{,}5^0$ bis $-6{,}5^0$ zwischen den Orten Hamburg und Arnsberg am 7. V. 1909

⊙h	△	⊙h	△	⊙h	△
$+1{,}5^0$	$+2{,}0$	$-1{,}5^0$	$+1{,}3$	$-4{,}5^0$	$+0{,}8$
$+0{,}5^0$	$+3{,}9$	$-2{,}5^0$	$+4{,}3$	$-5{,}5^0$	$-0{,}9$
$-0{,}5^0$	$+1{,}1$	$-3{,}5^0$	$+3{,}1$	$-6{,}5^0$	$-3{,}6$

Diese Umkehr des Vorzeichens wurde auch bei der Arago-Differenz zwischen Hamburg und Bergedorf in dem meteorologisch-optisch sehr reinen Jahr 1911 festgestellt. Die Differenzen sind in Tabelle 13 zusammengestellt.

Tabelle 13

Differenz zwischen den Arago-Punktabständen im Sonnenhöhenbereich $+1{,}5^0$ bis $-4{,}5^0$ zwischen den Orten Hamburg und Bergedorf im Jahre 1911

⊙h	△	⊙h	△	⊙h	△
$+1{,}5^0$	$+0{,}2$	$-1{,}5^0$	$-0{,}2$	$-3{,}5^0$	$-0{,}9$
$+0{,}5^0$	$+0{,}1$	$-2{,}5^0$	$-0{,}7$	$-4{,}5^0$	$-1{,}0$
$-0{,}5^0$	$+0{,}1$				

Aus vorstehenden Überlegungen müssen wir den Schluß ziehen, daß selbst bei gleichen äußeren meteorologischen Voraussetzungen der Trübungsgrad der Atmosphäre in Hamburg größer ist als in Arnsberg. Die Gründe dürften für die Industrie- und Handelsstadt Hamburg klar auf der Hand liegen. Die Umkehr im Vorzeichen der Differenz wird erst bei größeren negativen Sonnenhöhen eintreten, je analoger der örtliche Reinheitsgrad der zu vergleichenden Orte ist.

[23]) *Chr. Jensen*, Gerl. Beitr. zur Geophys. Bd. 50 (1937) S. 271 ff.

[24]) *Chr. Jensen*, Gerl. Beitr. zur Geophys. Bd. 55 (1939) S. 342 ff.

Bei größeren allgemeinen Trübungen tritt die Änderung in der Umkehr des Vorzeichens in der Differenzbildung schon bei positiven Sonnenhöhen auf, was aus der vorstehenden theoretischen Erörterung leicht erklärbar ist und wie es auch aus dem Analysengang in der Differenzbildung zwischen den Punktabständen des A-Punktes für die Städte Hamburg und Arnsberg in den Jahren 1912/14, die meteorologisch-optisch durch den Katmaiausbruch stark gestört waren, zu erkennen ist. Die entsprechenden Differenzwerte sind in Tabelle 14 zusammengestellt.

Tabelle 14

Differenzen zwischen den A-Punktabständen im Sonnenhöhenbereich $+5{,}5^0$ bis $-5{,}5^0$ in den Orten Hamburg und Arnsberg 1912/14

⊙h	Hamburg		Arnsberg	
	1912/13	1913/14	1912/13	1913/14
$+5{,}5^0$	$+0{,}2$	$+4{,}0$	$+0{,}8$	$+3{,}4$
$+4{,}5^0$	$-0{,}1$	$+3{,}8$	$+0{,}2$	$+3{,}5$
$+3{,}5^0$	$-0{,}5$	$+3{,}5$	$-0{,}2$	$+3{,}4$
$+2{,}5^0$	$-0{,}9$	$+3{,}4$	$-0{,}7$	$+3{,}3$
$+1{,}5^0$	$-1{,}9$	$+2{,}9$	$-1{,}0$	$+2{,}7$
$+0{,}5^0$	$-3{,}1$	$+2{,}4$	$-2{,}0$	$+1{,}4$
$-0{,}5^0$	$-3{,}8$	$+0{,}9$	$-3{,}0$	$\pm 0{,}0$
$-1{,}5^0$	$-3{,}6$	$-0{,}9$	$-2{,}6$	$-1{,}6$
$-2{,}5^0$	$-3{,}0$	$-1{,}4$	$-2{,}8$	$-2{,}0$
$-3{,}5^0$	$-2{,}4$	$-1{,}4$	$-2{,}4$	$-2{,}4$
$-4{,}5^0$	$-1{,}7$	$-0{,}8$	$-1{,}7$	$-2{,}3$
$-5{,}5^0$	$-1{,}7$	$-1{,}0$	$-1{,}7$	$-1{,}9$

Vorstehende Tabelle zeigt, daß die Vorzeichenumkehr für Hamburg früher einsetzt als für Arnsberg, ein Hinweis auf die stärkere örtliche Trübung in Hamburg als in Arnsberg. Die Umkehr des Vorzeichens in der Differenz zwischen den Punktabständen trat in diesen stark getrübten Zeiten, in denen die Trübung wohl in gleicher Weise alle Himmelsquadranten beeinflußt hat, auch beim Babinet-Punkt ein, während man in weniger getrübten Zeiten wohl bei sinkender Sonne eine Abnahme der Differenzen verzeichnen kann. Beim Babinet-Punkt muß es aber nicht notwendig zur Umkehrung des Vorzeichens kommen, wodurch erkannt wird, daß hier die Gesetzmäßigkeit in den Reinheitsschwankungen der Atmosphäre nicht so klar erkennbar ist, wie beim Arago-Punkt, was wir auf die vorstehend schon beschriebene größere optische Inhomogenität, die sich im Sonnenquadranten viel häufiger ausbildet als im Gegenquadranten zurückführen möchten.

Untersuchen wir mit Hilfe der Differenzbildung zwischen den A-Punktabständen — es dürfte hier ein Sonnenhöhenintervall von $+4{,}5°$ bis $-4{,}5°$ genügen — den jahreszeitlichen Trübungsgrad zwischen Sommer und Frühjahr 1942, so sehen wir aus Tabelle 15, daß schon eine frühzeitige bei $+2{,}5°$ ⊙ h eintretende Vorzeichenumkehr in der Differenz eintritt, was un-

Tabelle 15

Differenz zwischen den jahreszeitlichen A-Punktabständen zwischen Sommer und Frühjahr 1942 im Sonnenhöhenbereich $+4{,}5^0$ bis $-4{,}5^0$ in Potsdam-Babelsberg

⊙h	△	⊙h	△
$4{,}5^0$	$0{,}2$	$-0{,}5^0$	$-0{,}7$
$3{,}5^0$	$0{,}0$	$-1{,}5^0$	$-0{,}8$
$2{,}5^0$	$-0{,}3$	$-2{,}5^0$	$-1{,}6$
$1{,}5^0$	$-0{,}4$	$-3{,}5^0$	$-2{,}3$
$0{,}5^0$	$-0{,}9$	$-4{,}5^0$	$-3{,}3$

bestreitbar im Vergleich zu den vorstehenden Ausführungen für einen getrübteren Sommer spricht.

Untersuchen wir für Babelsberg den jahreszeitlichen Trübungsgrad der Atmosphäre mit Hilfe der für den Arago-Punkt als charakteristisch und eindeutig erkannten Kriterien, so finden wir für die beobachteten Jahre nachfolgende Rangordnung, wobei die Rangordnung bei reiner Luft gedacht ist: Winter reiner als Herbst, Frühling und Sommer, Herbst reiner als Frühling und Sommer. Der Sommer ist im allgemeinen die getrübteste Jahreszeit.

Wir sehen, daß das Jahr 1940 in der jahreszeitlichen Trübungsfolge die größten Abweichungen hat, und zwar ist das Frühjahr die getrübteste Jahreszeit gewesen. Besonders getrübt war der Monat Juni, wo wir am 8. bei 7,5 ° ⊙ h einen Abstandswert von 23,1 ° feststellten, während der Abstandswert im Minimum 16,5 ° betrug. Die relative Amplitude hatte an diesem Tage den hohen Wert von 5,9 gegenüber dem Jahresdurchschnittswert von 3,5. Wie stark der Monat Juni getrübt war, erkennt man auch aus dem Abstandswert des 21. Juni, wo bei einer Sonnenhöhe von 7,5 ° ein Abstandswert von 23,8 ° beobachtet wurde, während die Amplitude den hohen Wert von 5,7 hatte. Während des Monats Juli nahm die Trübung ab, so daß am 5. August bei 7,5 ° Sonnenhöhe ein Abstandswert von 21,7 ° beobachtet wurde; die Amplitude betrug an diesem Tage 4,6 und lag immer noch über dem Jahresdurchschnittswert.

Die Ursache dieser sich über die beiden heißesten Monate des Jahres erstreckende Trübung ist noch nicht klar erkannt, es dürfte sich wohl um eine für diese Jahreszeit stark ausgeprägte Staubtrübung handeln. Die Jahre 1941/42 zeigen in ihrem jahreszeitlichen Trübungsgrad die allgemein geforderte Reihenfolge der Jahreszeiten, doch es sei hervorgehoben, daß für 1941 die Herbstwerte sich den Sommerwerten stark nähern, während für 1942 die gleiche Beobachtung für die Frühjahrswerte gilt. In diesen Zeitperioden traten in entsprechender Weise kürzere oder längere Störungsperioden auf. (Fortsetzung in Heft 10.)

Verbesserung des Thomasschen Wolkenspiegels

3 Abbildungen

Von Dr. Wilhelm Hartmann

Der Thomassche Wolkenspiegel dient zur Beobachtung der Bewegung der Wolken. In seiner einfachsten, von R. Fuess-Steglitz hergestellten Form besteht er aus einem Hohlspiegel von 11 cm Brennweite, über dem ein in der Richtung der optischen Achse verschiebbarer Ring angebracht ist, der einen in der Ebene des Ringes drehbaren und verschiebbaren Stab trägt. Dieser Stab dient zum Einstellen der Wolkenpunkte. Der Vorteil des Thomasschen Wolkenspiegels gegenüber dem Sprungschen besteht darin, daß infolge der Einstellbarkeit des verschiebbaren Ringes auf die Bildebene (und damit auf das räumliche Bild) das Auge in beliebiger Stellung gehalten werden kann, ohne daß zwischen Bildpunkt und dem darauf eingestellten Stabende bei Bewegung des Kopfes Differenzen auftreten. Auch kann das Auge beliebig weit Abstand nehmen. Bei dem Sprungschen Wolkenspiegel muß mit dem Hilfsmittel eines festen Stabes von etwa 20 bis 25 cm Höhe das Auge sehr ruhig gehalten werden, damit Messungen ausgeführt werden können. Der Nachteil des Thomasschen Wolkenspiegels in der bisher gebauten Form ist die Unmöglichkeit, genaue Messungen der Wolkengeschwindigkeit auszuführen. Es läßt sich auch nur grob die Wolkenzugrichtung feststellen. Dabei läßt sich das Gerät schon mit einfachsten Hilfsmitteln zu Meßzwecken herrichten. In der veränderten Form läßt sich aber eine Meßgenauigkeit und Meßbequemlichkeit erzielen, die den Thomasschen Wolkenspiegel zu einem im Wetterdienst dauernd brauchbaren Gerät macht, vorausgesetzt, daß er an einem bequem erreichbaren Platz aufgebaut wird.

1. Verbesserung mit einem Parallelmaßstab

Die folgende einfache Verbesserung wurde von mir durchgeführt. Ein Parallellineal von 25 cm Länge aus durchsichtigem Zelluloid wurde an den vier Kanten mit einer Zentimeterteilung versehen. Mit einer Kugelgelenkschraube, die an dem einen Ende des Lineals angebracht war, konnte es auf die Kugelspitze des Visierstabes aufgesteckt werden. Damit war es in der Ebene des Ringes des Wolkenspiegels fast frei beweglich. Bei der Messung wurde das Bild des Wolkenpunktes längs einer Linealkante laufen gelassen und die Zeit t für 1 cm Weg gestoppt. Nach der Wolkenspiegelformel ist dann

$$c = \frac{H \cdot b}{t \cdot h} \qquad (1),$$

wobei c die wirkliche Geschwindigkeit des Wolkenpunktes, b der Bildweg (hier 1 cm), t die gestoppte Zeit, h der Abstand des Bildes vom Spiegel, in unserem Falle 11 cm. Ist H, die Wolkenhöhe, noch bekannt, so ist c exakt zu berechnen. Ist H nur einigermaßen sicher geschätzt, so würde c mit einem gewissen Fehler behaftet sein, dessen Abschätzung mit Hilfe des Rechenblattes möglich ist, das unter 3. angegeben ist. Die Genauigkeit ist aber in den meisten Fällen selbst bei grober Schätzung völlig ausreichend.

Die Richtung des Wolkenzuges wird nun mit dem Parallellineal so bestimmt, daß das eine Lineal bei festgehaltenem zweiten, welches den Wolkenzug festlegt, durch den Mittelpunkt des Ringes gelegt wird. Dazu sind auf dem Ringe Durchmesser markiert und diese mit der Himmelsrichtung oder mit einer Azimutheinteilung versehen. Dabei ist zu beachten, daß der Wolkenspiegel fest aufgestellt und die Nordrichtung nach Süden zeigt, da ja der Thomassche Wolkenspiegel ein reelles, aber umgekehrtes Bild entwirft (Abb. 1).

Alle alten Modelle des Thomasschen Wolkenspiegels lassen sich auf diese Weise in Meßinstrumente von großer Genauigkeit umwandeln, die nur noch von der Genauigkeit der Wolkenhöhe abhängt.

2. Verbesserung durch einen drehbaren Meßkreis nach Thomas

Die im folgenden beschriebene Verbesserung ist von T h o m a s selbst vorgeschlagen und an einem Modell durchgeführt, aber meines Wissens bisher noch nicht veröffentlicht worden. Da das einzige Exemplar,

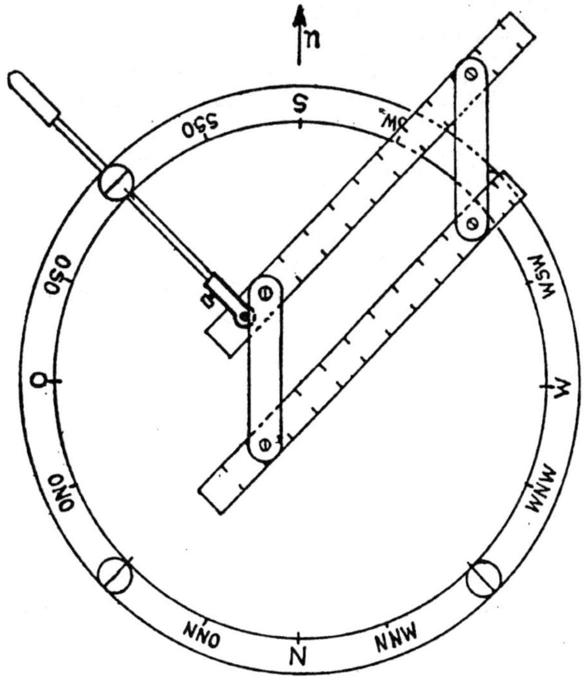

Abb. 1

das auf der Wetterwarte Hannover stand, anscheinend verlorengegangen ist, soll sie im Interesse einer weiteren Verbreitung beschrieben werden, da sie das Arbeiten mit dem Wolkenspiegel wesentlich vereinfacht.

Der Visierstab des alten Modells ist durch einen drehbaren Metallring DR (Abb. 2) ersetzt, der in den festen Ring AR des alten Modells eingepaßt ist. Der Außenring AR trägt eine 360°-Teilung und gegebenenfalls eine Teilung nach Himmelsrichtungen. Der drehbare Innenring DR ist mit dünnen parallelen Drähten in etwa 1 cm Abstand bespannt. Diese Drähte tragen in 1 cm Abstand Marken entweder aus weißer Farbe oder kleinen Drahtstücken. Die Fortsetzung der parallelen Drähte auf dem Innenring gehen in eingravierte Pfeilspitzen über. Am entgegengesetzten Ende der parallelen Drähte ist eine Ablesemarke AM angebracht, die über dem Teilkreis mitgedreht wird, und zwar bildet sie die Verlängerung des Durchmessers der parallelen Drähte.

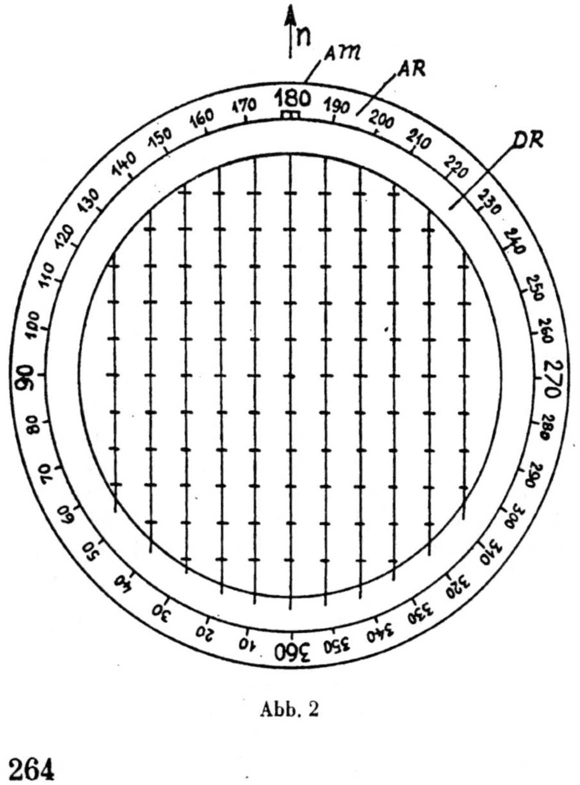

Abb. 2

Die Messung mit dem Gerät ist sehr einfach. Das Gerät wird zunächst mit der Nordrichtung oder 360° nach Süden fest aufgestellt. Der in die Bildebene eingestellte Meßkreis wird so lange gedreht, bis der anvisierte Wolkenpunkt parallel zu den Drähten in der Richtung der Pfeilspitzen zielt, und dann die Zeit zwischen zwei Marken abgestoppt. Mit der gemessenen oder geschätzten Wolkenhöhe H ergibt sich aus Formel (1) die Wolkengeschwindigkeit, zu der die Wolkenzugrichtung am Außenkreis (Azimuthkreis) abgelesen wird. Die Einfachheit der Messung macht den Gebrauch des Wolkenspiegels so leicht, daß bei der Aufstellung des Gerätes in bequemer Reichweite des Beobachters eine laufende Verfolgung des Wolkenzuges möglich ist. Die Plastik des reellen Bildes macht das Arbeiten mit dem Wolkenspiegel zur Freude.

3. Einfaches Hilfsmittel zur graphischen Auswertung der Geschwindigkeit (Nomogramm)

Die Gleichung (1) läßt sich einfach als Nomogramm darstellen (Abb. 3). Die bisher veröffentlichten Auswerteblätter verlangen Anlegung eines Lineals und lassen nur schlecht einen Überblick über die Genauigkeit der Messung zu. Das hier dargestellte Formblatt läßt die Auswertung sehr vereinfachen.

Als Parameter ist die Zeit t gewählt, die für die Wanderung des Bildpunktes zwischen zwei Marken ermittelt wurde. Für die Wolkenhöhe H und die Geschwindigkeit c wurde ein logarithmischer Maßstab gewählt, weil diese mehrere Größenordnungen durchlaufen.

Die Darstellung ist so allgemein, daß mit einer einfachen Zahlenkorrektion das Blatt für jeden Wolkenspiegel, also auch den Sprungschen, verwendet werden kann. Die Konstanten der Gleichung sind b, der Bildweg, und h, der Abstand des Auges vom Spiegel bzw. die Brennweite des Spiegels. Es geht nur das Verhältnis b/h ein. Für den Wolkenspiegel T h o m a s ist $b/h = 1/11 = 0{,}091$. In der Darstellung ist ein etwas anderes Verhältnis gewählt, um das Auswerteblatt möglichst allgemein brauchbar zu machen. Der Umrechnungsfaktor ergibt sich durch Multiplikation des gewählten Verhältnisses b_1/h_1 mit h/b des Rechenblattes, welches 10/1 beträgt, also $10 \cdot b_1/h_1$. Im Falle des T h o m a s schen Wolkenspiegels beträgt der Umrechnungsfaktor 0,91, d. h. die Werte des Nomogrammes müssen um 9 % verkleinert werden. Wählen wir 2 cm Meßmarkenabstand, so wird der Faktor 1,82. Benutzen wir einen kleinen Sprungschen Spiegel mit einem Abstand von 2 cm der Ringe, so wird bei einem Augenabstand von 20 cm der Umrechnungsfaktor wieder = 1.

Das Ableseblatt läßt auch einen Überblick über die Meßgenauigkeit zu. Da man die Zeit t auf eine Sekunde genau nehmen kann, selbst bei Verwendung einer Taschenuhr, kommen größere Fehler nur im Bereich hoher Wolkengeschwindigkeit von 100—1000 m Wolkenhöhe vor. Hier wird man eine Stoppuhr verwenden müssen. Hier ist aber auch die größte Genauigkeit der Wolkenhöhe nötig. Ein Zeitfehler von 0,5 sec bei einer Wolkenhöhe von 200 m und der Geschwindigkeit von 15 m/s ergibt einen Fehler von ± 5 m/s. In 1000 m Höhe wird der Fehler in c bei demselben Zeitfehler nur ± 2 m/s. In 5000 m ist bei einem Zeitfehler von 1 sec nur ein Fehler von ± 1 m/s bei 15 m/s Wolkengeschwindigkeit möglich. Fehlschätzung der Wolkenhöhe in dieser Höhe von ± 1000 m bewirken ebenfalls nur einen Fehler von ± 2 m/s. Aus dem Ganzen ergibt sich, daß Wolkengeschwindigkeitsmessungen mit Hilfe eines Wolkenspiegels durchaus denselben Genauigkeitsgrad besitzen wie eine normale Windmessung, wenn man nur die Fehler in der Zeitmessung und in der Bestimmung der Wolkenhöhe entsprechend klein macht. Es wäre jedenfalls zu wünschen, daß aus dieser Erkenntnis heraus die Wolkenmessungen mit Hilfe von Wolkenspiegeln viel häufiger

Abb. 3 Nomogramm: $C = \frac{H}{t} \cdot \frac{b}{h}$; $\frac{b}{h} = 0.1$

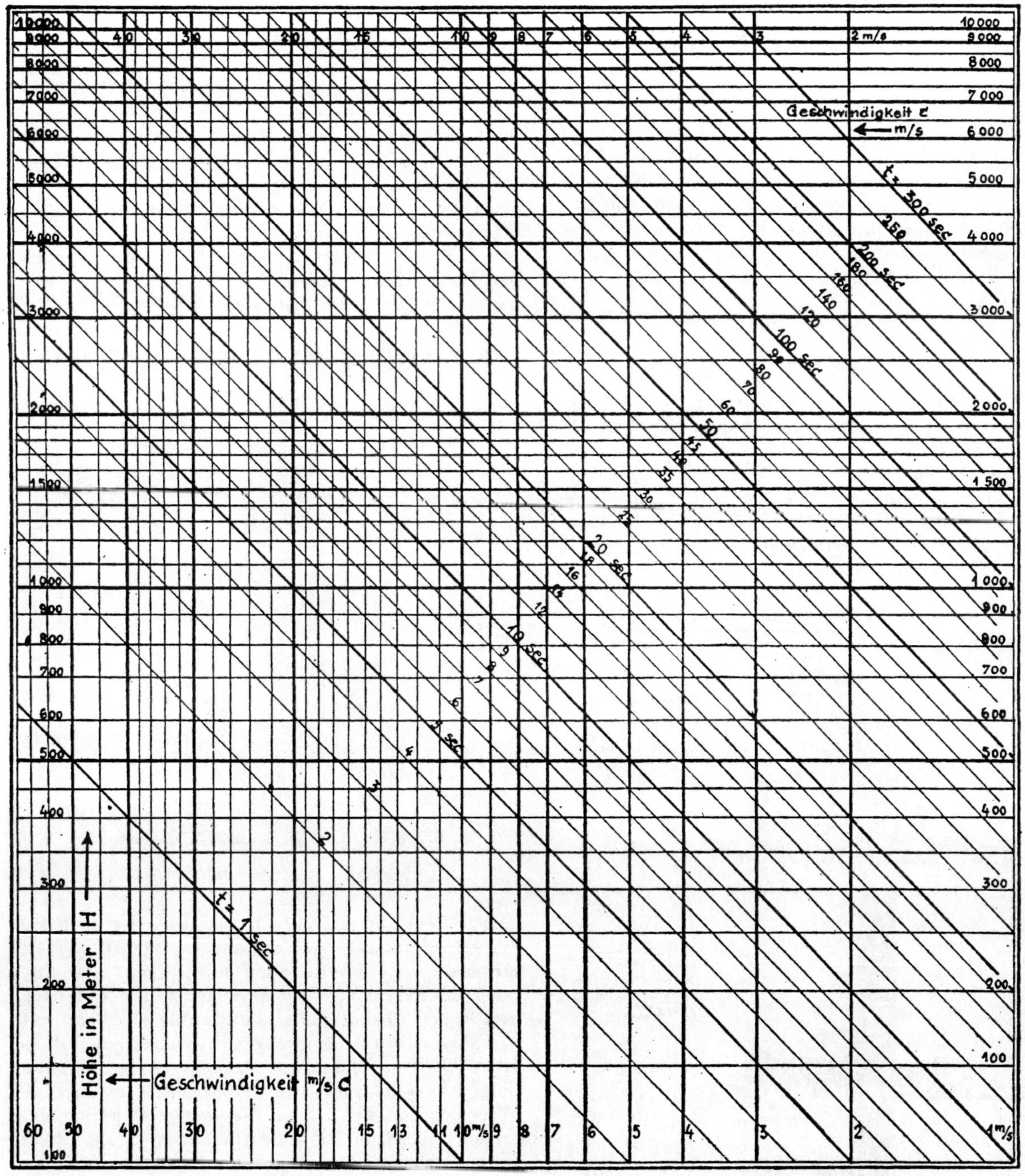

durchgeführt würden. Dabei ist dem umgeänderten Thomasschen Spiegel der Vorzug zu geben, da er eine hohe Genauigkeit verbürgt.

Zusammenfassung: In der bisherigen Anordnung genügt der Wolkenspiegel von Thomas nicht der gewünschten Genauigkeit für Wolkengeschwindigkeit. Dieser Mangel kann behoben werden durch Verbindung mit einem Parallelmaßstab aus durchsichtigem Zelluloid. Das Bild eines Wolkenpunktes läßt man längs einer Linealkante laufen und stoppt die durchlaufene Zeit ab.

Eine zweite Verbesserung ist schon von Thomas vorgeschlagen. Hier ist der Visierstab durch einen drehbaren Metallring ersetzt, der in den festen Ring des gewöhnlichen Modells eingepaßt ist. Der mit einer Teilung versehene Außenring ist fest; der drehbare Innenring ist mit dünnen parallelen Drähten bespannt, an denen die Wolkenpunkte entlang laufen.

Schließlich wird zur graphischen Auswertung der Geschwindigkeit ein bequemes Nomogramm empfohlen.

Anschrift des Verfassers: Isernhagen, N.B. über Hannover, Auf dem Echternfeld.

Das Regenunwetter in Nordwest-Mecklenburg Ende August 1946

Mit 2 Abbildungen und 2 Karten

Von H. Reinhard

In Mecklenburg fielen in der Zeit vom 25. bis 27. August 1946 so ungewöhnlich starke und langanhaltende Niederschläge, daß sie das größte Regenunwetter seit vielen Jahrzehnten in ganz Norddeutschland darstellen. In Stärke und Andauer ist diese Regenkatastrophe für unser Gebiet so abnorm, daß sie den bekannten Erscheinungen der tropischen Regengüsse gleichkommt.

Zeit und Stärke des Niederschlags.

Nach einer zweitägigen Regenpause in dem maritimen Witterungsablauf des August fiel von den Morgenstunden des 25. August 1946 an in wechselnder Stärke mit Unterbrechungen leichter bis mäßiger Regen bis zum Nachmittag. Nach mehrstündiger Unterbrechung setzte in den Abendstunden des 25. August abermals Regen in wechselnder Stärke ein, der sich zeitweise zu wolkenbruchartiger Heftigkeit steigerte und in ununterbrochener Dauer bis zum Abend des 27. August anhielt. Mit großer Stärke fiel der Regen aus ständig tief verhangenem Himmel besonders im Nordwesten von Mecklenburg ohne wesentliche Schwankungen vom Nachmittag des 26. bis zum Mittag des 27. August nieder (Abb. 1). Mit 46 Stunden Dauerregenzeit, von 22 Uhr des 25. bis 20 Uhr des 27. August 1946, ist dieses Regenunwetter die

Abb. 1. Verteilung des Niederschlags am 26.-28.VIII.1946

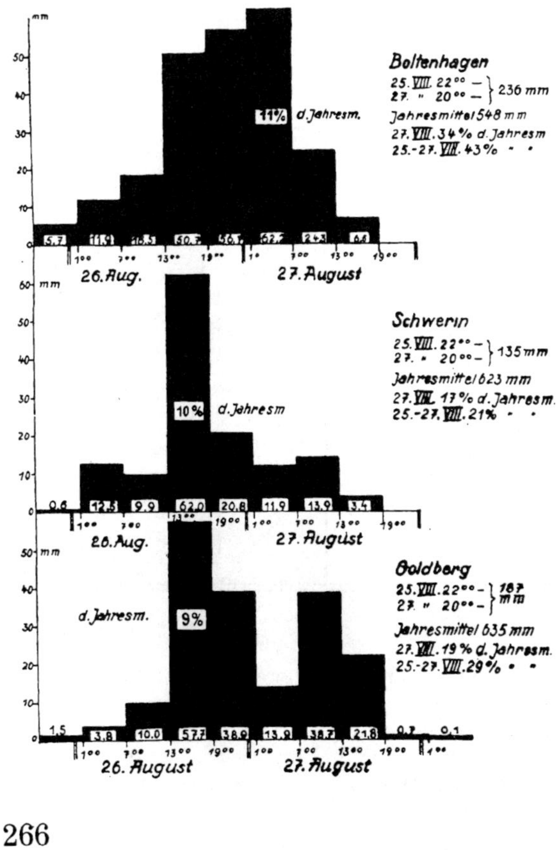

Abb. 2. Verteilung des Niederschlags 26.-28.VIII.1946

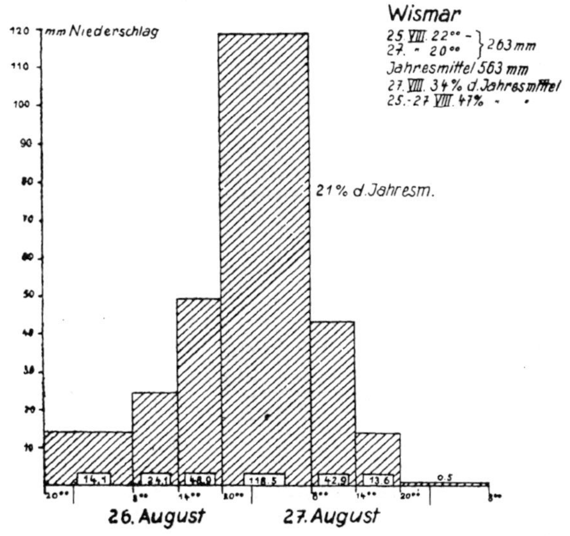

längste beobachtete Dauerregenperiode, die in dieser Stärke in unserem Gebiet aufgetreten ist, soweit meteorologische Überlieferungen vorliegen. Das Einsetzen des Regens und sein Ansteigen zu großer Heftigkeit in den Abendstunden des 25. August stimmt mit den allgemeinen Beobachtungen bei sommerlichen Platzregen überein, wonach das Maximum dieser — allerdings nur kurzdauernden, heftigen Niederschläge — allgemein in die späten Nachmittagsstunden oder frühen Abendstunden fällt (Hellmann, 1912). Nach Less (1900) liegt das Maximum der starken Sommerregen in der Zeit von 18 bis 19 Uhr, während es bei den gewöhnlichen Regen zur Mittagszeit eintritt. Auch bei dem schweren Regenunwetter im August 1946 fiel in den Nachmittagsstunden des 26. August im allgemeinen das Hauptmaximum des Niederschlags: In Schwerin wurden in dem sechsstündigen Zeitraum von 13 bis 19 Uhr des 26. 62 mm gemessen, d. s. 10 % des normalen Jahresmittels, in Goldberg 57,7 mm oder 9 % des Jahresmittels. Allein in dem Raum der Wismarer Bucht und in den angrenzenden Gebietsteilen, die in den Nachmittagsstunden des 26. August sehr hohe Niederschläge, meist über 50 mm in sechs Stunden, empfangen hatten, erreichte das ungewöhnlich langanhaltende Regenunwetter seine größte Stärke in den späten Nachtstunden zum 27. August (Abb. 2): In Boltenhagen, im Nordwesten der Wismarer Bucht, wurden in dem sechsstündigen Zeitraum von 1 Uhr nachts bis 7 Uhr in der Frühe des 27. August 62 mm Niederschlag gemessen, d. h. es fielen bei einer Regenstärke von 10 mm in der Stunde innerhalb dieses kurzen Zeitraumes von sechs Stunden 11 % des langjährigen Jahresmittels des Niederschlags! In Wismar / Bad Wendorf fielen in dem zwölfstündigen Zeitraum von 20 Uhr des 26. bis 8 Uhr des 27. August 118,5 mm Regen, d. h. es gingen innerhalb dieses halben Tages 21 % der normalen Jahressumme an Niederschlag nieder (Abb. 2). Sturmböen peitschten den „tropischen“ Starkregen nieder, der innerhalb von sieben Stunden (1 Uhr bis 8 Uhr des 27. August) im Zentrum des Regenunwettergebietes allein fast 70 mm erreichte, d. h. es gingen in so kurzer Zeit Niederschlagsmengen nieder, die sonst nur im Zeitraum des ganzen Monats fallen. Die durchschnittliche Stundenstärke des Dauerregens während des ganzen Regenunwetters ist aus der Tabelle I ersichtlich.

Tabelle I

Stundenstärke des Dauerregens vom 25. bis 27. August 1946

Boltenhagen	5,1 mm	Vollrathsruhe	4,9 mm
Wismar	5,7 mm	Nossentiner Hütte	4,8 mm
Neuburg	5,0 mm	Plau	3,7 mm
Brüel	4,8 mm	Lübz	2,6 mm
Güstrow	4,5 mm	Röbel	2,6 mm
Goldberg	4,1 mm	Waren	1,8 mm
Schwerin	2,9 mm		

Am 27. August 1946 wurden in Boltenhagen und Wismar übereinstimmend 34 % des normalen Jahresmittels an Niederschlag erreicht; dieses Tagesmaximum liegt also 3 bis 4mal höher als das von Hellmann (1906, 106—117) zu 8 bis 12 % im Mittel angegebene Verhältnis der größten Tagesmittel zum Jahresmittel.

Das ganze Regenunwetter brachte in 46stündiger Andauer im Nordwesten weit über 40 % des langjährigen Durchschnitts der Niederschlagsmenge eines Jahres. Im Gebiet des Baltischen Höhenrückens wurden rund 30 % des Jahresdurchschnitts erreicht, in den Grundmoränenlandschaften zwischen dem Höhenzug und dem Nordwesten um 20 % des Jahresmittels. Nach Osten nahm die Intensität des Unwetters ab. Betrachtet man das Verhältnis der Niederschlagshöhe des Unwetters zur Regenhöhe des normalen August, so zeigt sich (Tab. II), daß in der Kornkammer Mecklenburgs, dem Klützer Winkel, an diesen zwei Tagen des August 1946 das Vierfache und darüber der normalen Monatshöhe des August an Regen gefallen war.

Das ungewöhnliche absolute Tagesmaximum von 192 mm am 27. August in Wismar/Bad Wendorf erreichte die durchschnittliche Höhe der höchsten Tagessummen des Niederschlags der so regenreichen malayischen Inselwelt (Hann-Süring 1934, 476). Dabei dürften die gemessenen größten Regenmengen während des Regenunwetters im August 1946 noch nicht die überhaupt aufgetretenen größten Regenhöhen des Unwetters darstellen. In Mitteleuropa sind solche höchsten Tagessummen bisher nur aus Gebirgsgegenden bekannt geworden. Für Adolphsgrün im östlichen Erzgebirge,

Tabelle II

Niederschlagshöhe des Regenunwetters vom 25. bis 27. August 1946 im Vergleich zum normalen Monatsmittel des August und normalen Jahresmittel

Station	Niederschlagshöhe 25.–27. VIII. 1946	in % des Jahresmittels	in % des Augustmittels
Boltenhagen	236	43	425
Wismar	263	47	358
Neuburg	231	37	325
Brüel	221	37	308
Güstrow	209	36	321
Goldberg	187	29	260
Schwerin	135	21	196
Vollrathsruhe	226	34	327
Nossertiner Hütte	222	33	322
Plau	172	29	260
Lübz	121	21	180
Röbel	128	21	188
Waren	87	14	126

750 m über Meereshöhe, geben Alt und Fickert (1936) während der Hochwasserkatastrophe am 8. bis 9. Juli 1927 eine Niederschlagshöhe von 209,0 mm an (am 9. Juli 1927 um 7 Uhr gemessen). Über starke kurze Regenfälle in Bayern hat Haeuser (1919) eine Zusammenstellung veröffentlicht. Die stärksten Regenfälle von langer Dauer bis zu 24 Stunden gehören ausschließlich den Gebirgen an, während die von kurzer Dauer, meist von zwei bis drei Stunden, häufiger in der Ebene vorkommen. Die kurzdauernden starken Platzregen in der Ebene sind meistens nur auf ganz wenige Quadratkilometer beschränkt. Sie verursachen oft beträchtlichen Schaden, während die Gebirgsregen von unvergleichlich größerer Ausdehnung zu umfangreichen Überschwemmungen führen. Die Platzregen in Norddeutschland treten am häufigsten im Juli auf, fast um ein Viertel weniger im Juni gegenüber dem Juli und rund ein Drittel weniger im August. Das Regenunwetter Ende August 1946 zählt zweifellos zu den höchsten Tagesregen im norddeutschen Flachland seit vielen Jahrzehnten, vermutlich der letzten 80 Jahre.

Als ungewöhnlich langdauernder Niederschlag im norddeutschen Flachland ist in Hann-Süring (1943, 475) der Regen in Potsdam vom 13. bis 14. September 1903 erwähnt, der in 20,7 Stunden 28,9 mm lieferte. Für größte Regenmengen an einem Tage sind als Beispiele in dem o. a. Werk (1943, 476) für Berlin 166 mm vom 14. April 1902 angegeben; das absolute Tagesmaximum für Mühlberg a. Elbe mit 178 mm am 7. Juli 1906, für Kurwien (Ostpr.) 144 mm am 9. August 1890. Im norddeutschen Flachland sind Niederschläge von 24 Stunden ununterbrochener Dauer recht selten. Die durchschnittliche Andauer eines langen „Landregens“ an einem Tage ohne Unterbrechung erreicht etwa elf bis zwölf Stunden (Hellmann 1912, 288—290). Hoffmeister (1926, 5) gibt eine Niederschlagsdauer von 24 Stunden am

3. Februar 1909 mit 10,6 mm Niederschlagshöhe für Potsdam bekannt. Stellt man diejenigen Niederschläge zusammen, die, auf eine Reihe zusammenhängender Tage verteilt, in einem ursächlichen Zusammenhang stehen und nur kurzfristig unterbrochen wurden, so daß sie als eine einzige Niederschlagsperiode empfunden werden, so kommt man zu erheblich längeren „Regenperioden" mit meist geringen Niederschlagshöhen (Hoffmeister 1926; Dammann 1937). Bei dem Regenunwetter im August 1946 in Mecklenburg handelt es sich jedoch um anhaltenden Starkregen. Infolge der geringfügigen Verlagerung der Konvergenz wurden die in sonst üblicher Weise von Westen nach Osten flächenhaft ein großes Gebiet überstreichenden Niederschläge auf verhältnismäßig engbegrenztem Raum in großer Stärke summiert. Das nicht endenwollende Regenunwetter von den Abendstunden des 25. bis zu den Abendstunden des 27. August 1946 suchte die nordwestlichen Teile Mecklenburgs in einem Ausmaß heim, wie es bisher nach den Überlieferungen dort überhaupt noch nicht vorgekommen ist. Es steht den tropischen oder subtropischen Monsun- bzw. Stauregen ebenbürtig zur Seite.

Verbreitung der Niederschläge.

Das Gebiet, innerhalb dessen allein am 27. August 1946 in der Frühe um 7 Uhr mindestens 100 mm Regen gemessen wurden, ist weit über 4000 qkm groß, umfaßt also rund das $4^1/_2$fache des Flächeninhalts der Insel Rügen, der größten deutschen Insel. Die Grenzlinie, die dieses Gebiet umschließt (vgl. Karte 1), verläuft vom Klützer Winkel über Hackensee-Roggenstorf, östlich Grevesmühlen über Mühlen-Eichsen, Stralendorf nach Holthusen, geht dann in Richtung Lübz in westöstlichem Verlauf auf Plau, schließt einen Teil der Mecklenburgischen Seenplatte bis zum Müritzsee ein und führt dann in einem im wesentlichen nordwestlichen Verlauf über Schwinkendorf, östlich Güstrow, Schwaan, Neubukow zur Küste zurück. Es zeigt sich also eine sehr starke Ausbuchtung nach Osten im Gebiet des Landrückens. Außer im Raum um die Wismarer Bucht liegt ein zweites Maximalgebiet des Niederschlags in dem großen Waldgebiet nördlich der großen Mecklenburgischen Seen. Ein Gebiet geringeren Niederschlags innerhalb der mindestens 100-Millimetergrenze liegt zwischen Güstrow und Goldberg in dem nur maximal 75 m hoch gelegenen Seengebiet um Lohmen. Die Umgrenzung des Gebietes, das mindestens 100 mm Starkregen bis zum 27. August empfing, verläuft nicht geradlinig, sondern mit zahlreichen Ein- und Ausbuchtungen. Die größte Ausdehnung des Niederschlagsraumes auf dem Festland beträgt in nordwest—südöstlicher Richtung ca. 125 km, in der größten Breite von Westen nach Osten rund 70 km. Auf dieser Fläche sind also innerhalb 24 Stunden von 7 Uhr des 26. bis 7 Uhr des 27. August über 500 Millionen m^3 Regen niedergegangen. Diese Regenmenge entspricht dem 10. Teil der gesamten Wassermenge des größten deutschen Sees, des Bodensees (Fläche ca. 500 km^2, größte Tiefe 252 m, größte Breite 15 km, Länge des Obersees ca. 50 km).

Verursachte Schäden.

Die durch das Regenunwetter angerichteten Schäden waren auch entsprechend groß, vor allem in der Kornkammer Mecklenburgs, dem Klützer Winkel und der Wismarer Bucht. Dort fiel innerhalb des 46stündigen Zeitraums vom Abend des 25. bis zum Abend des 27. August so viel Regen, daß das Wasser über $^1/_4$ m hoch das ganze Land bedeckt hätte, wenn es nicht abfließen, verdunsten und versickern würde. Auf jeden Hektar Boden fielen in diesem Raum also mindestens 2500 m^3 Regen. Durch die Wasserfluten wurden Bahnanlagen, Straßen und Wege unterspült, Wohnungen und Kellerräume stellenweise bis Mannshöhe überflutet und auch durch die Sturmböen selbst starke Bäume entwurzelt. Auf den Feldfluren waren die Schäden sehr groß und ließen sich auch schätzungsweise nicht ganz übersehen, da tiefer gelegene Teile längere Zeit völlig unter Wasser standen. Stellenweise waren Hackfrüchte durch die Überflutungen und Verschlammungen vollständig vernichtet worden. Weizen und Hafer standen noch längere Zeit in Hocken auf unzugänglichen Feldern, und Garben wurden zahlreich weggespült. Hagel ist bei diesem Unwetter merkwürdigerweise nicht aufgetreten, wie es sonst bei solchen starken Unwettern in unserem Bereich der Fall zu sein pflegt.

Gang der übrigen Elemente.

Mit dem Einsetzen des Niederschlags blieb die Temperatur mit 16° nahezu konstant, ein Anzeichen dafür, daß der Regen am Boden in einer einheitlichen Luftmasse ausfiel. Der Dampfdruck stieg bei Beginn des Niederschlags auf 12 bis 13 mm und blieb während des Unwetters verhältnismäßig gleich, ebenfalls ein Hinweis auf die Homogenität der Luftmasse. Der Luftdruck sank vom 24. August an langsam und ohne plötzliche Änderung gleichmäßig ab, um am 27. etwa mittags in Westmecklenburg einen flachen Tiefstand von 751 mm = 1001,2 mb (red. auf 0°, Normalschwere und Meereshöhe) zu erreichen, von dem aus wieder ein verhältnismäßig gleichmäßiger Anstieg etwas rascher erfolgte als der Luftdruckfall.

Die Beobachtungen der Windrichtung und -stärke ergaben, daß allgemein die leichten wechselnden Winde am 24. August bis fast zur völligen Ruhe abflauten. Die Windstille hielt von der Nacht bis zum Mittag des 25. August an. Am Abend des 25. frischte der Wind auf und wehte aus nordöstlicher Richtung, um etwa gleichzeitig mit einsetzendem Regen in sprunghaftem Anstieg bis auf Stärke 6 zuzunehmen. In den Spitzen einzelner Böen wurde Stärke 7 überschritten. Die böigen nördlichen bis nordöstlichen Winde hielten bis zum Abend des 26. August an, flauten zeitweilig ab, um gleichzeitig in größeren Schwankungen der Stärke auf Nordwest zu drehen und fast bis zum Ende des Unwetters langsam abklingend mit dem böigen Charakter anzuhalten. Nach dem Durchzug des Unwetters herrschte dann beinahe völlige Windstille.

Erklärung des schweren Regenunwetters.

Das Hauptstörungszentrum lag bis zum 25. August fast stationär im isländischen Raum und führte serienweise gemäßigte, feuchte Kaltluftmassen arktischer Herkunft nach Mitteleuropa. Über die westliche Ostsee, aus dem Raum von Südskandinavien über Fünen—Wismarer Bucht nach Westmecklenburg zog sich, in einem leichten Hochdrucksattel gelegen, eine seit Tagen ausgeprägte Luftmassengrenze. Die gegen Ende des

25. August beginnende Verlagerung des Tiefdruckkerns nach der südlichen Nordsee brachte unseren Bereich in das unmittelbare Wirkungsfeld der Zyklone. Durch erneutes Aufeinandertreffen gegensätzlicher Luftmassen wurde eine Verstärkung zu einem ungemein kräftigen Sturmtief verursacht. Bei orkanartigem Sturm sanken im Ausgang des Kanals—Themsemündung bzw. südliche Nordsee mehrere Schiffe (Rundfunkmeldung). Die mit böigen, stürmischen westlichen Winden einbrechende Kaltluft führte zu einer sehr starken Verschärfung der Luftmassengrenze, die aus der nordsüdlichen Richtung in eine westöstliche Richtung umkippte. Infolge der Zufuhr der aus Osten mit stürmischem Anlauf herangeführten Warmluft, die aus Südosteuropa stammte und in das Gebiet der westlichen Ostsee vorstieß, wurde entlang der Luftmassengrenze nun eine sehr starke Konvergenz erzeugt, die Niederschlag in diesem Raum brachten als im Osten. Da auch im Zirrenniveau bzw. an der Stratosphärengrenze aus NW kühle Meeresluft in den westlichen Ostseeraum vorgedrungen war, blieb die hohe Labilität des aufsteigenden Luftstromes selbst bis in größte Höhen erhalten. Die Energie des mit seinem Zentrum in der Nähe gelegenen Sturmwirbels hielt so tagelang in unverminderter Stärke an und bedingte die starken und so lange anhaltenden Regenfälle. Seltsamerweise ist kein Hagel beobachtet worden. Auch waren die elektrischen Erscheinungen sehr gering. Örtliche Einflüsse, wie die Geländeerhebungen des Landrückens, haben infolge Stauerscheinungen noch verstärkend auf die Hebung der an sich schon rasch aufsteigenden Luftströme gewirkt und die Niederschlagstätigkeit gesteigert. So trat außer dem einzig dastehenden Maximum um die Wismarer Bucht ein zweites Regenmaximum im

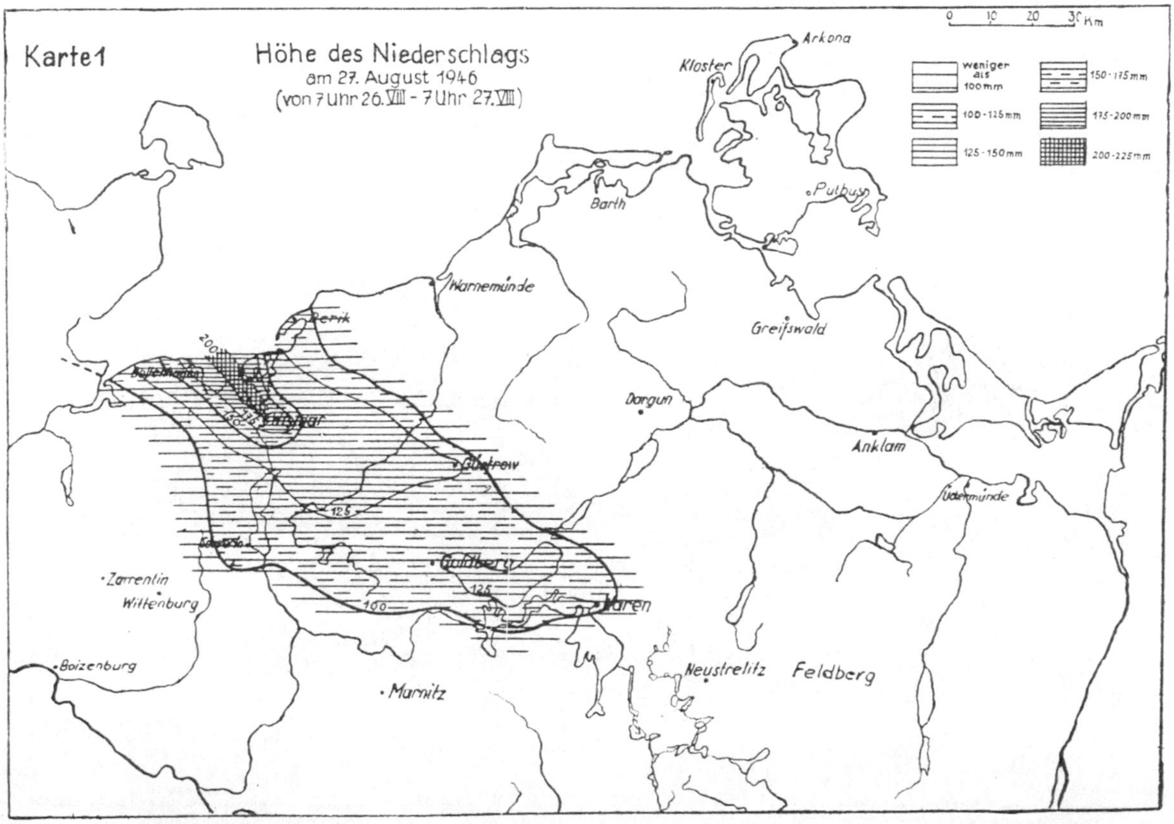

Karte 1 Höhe des Niederschlags am 27. August 1946 (von 7 Uhr 26. VIII - 7 Uhr 27. VIII)

eine außergewöhnlich ergiebige Kondensation auslöste. Bereits in rund 450 m Meereshöhe wurde die Kondensationsgrenze erreicht. Diese ist also nicht nur an eine Aufgleit- oder Einbruchsfläche gebunden, sondern vor allem an die sehr feuchtlabile kühle Meeresluft.

Durch den mit sehr großer labiler Energie geladenen Luftmassenwirbel wurde eine Quellbewölkung von beträchtlicher vertikaler Mächtigkeit verursacht, aus der die „tropischen Regenmengen" niederstürzten. Der Regen fiel fast gleichzeitig entlang der ganzen nach Osten sich verringernden Konvergenz an der Luftmassengrenze, die sich jetzt vom südlichen Teil Schleswig-Holsteins über die Küstenzone der westlichen Ostsee bis zur Pommerschen Bucht erstreckte. Die Gegensätze der Luftmassen waren im westlichen Teil der Ostsee am größten, deshalb fanden auch hier die stärksten Kondensationsvorgänge statt, die stärkeren Westteil des Mecklenburgischen Höhenzugsgebietes hervor. Deshalb zeigte das Niederschlagsgebiet von mindestens 100 mm am 27. August im Gebiet des Höhenrückens deutlich ein Ausgreifen nach Osten. Die 100-mm-Grenzlinie greift jedoch auf das südliche Moränenvorland nicht über (vgl. Karte 1). Erst wenn man die Niederschlagssumme dieser ganzen Unwetterperiode zusammenfaßt, reicht das Gebiet auch bis auf den südlichen Abhang des Baltischen Höhenrückens (vgl. Karte 2), und die 100-mm-Grenzlinie endet dann ostwärts scharf an der Tollense-Trebel-Recknitz-Furche, dem Grenztal, das Mecklenburg und Vorpommern trennt. Nach Osten nimmt die Niederschlagshöhe allmählich ab, um nur im Bereich der Helpter- und Rosenberge von Woldegk bis Feldberg etwa auf 100 mm anzusteigen. Das sekundäre Maximalgebiet mit über 100 mm am 27. August, das in dem ausgedehnten Waldgelände nördlich des Plauer Sees mit seinem Zentrum von Nossentiner Hütte bis zum Südrande des Malchiner Sees deutlich hervortrat (Karte 1), ist auch in Karte 2 in fast derselben Lage mit über 200 mm sehr auffallend. Das rasche Ausklingen des Unwetters nach Süden, jenseits des Baltischen Landrückens, zeigen die Beobachtungen von Kyritz, das, 48 m hoch gelegen, im August 1946 ein Maximum von nur 12,7 mm am 9. August aufwies, an den Tagen des Unwetters in Mecklenburg-Vorpommern also noch weniger Regen empfing als diese Tageshöchstmenge. Mit der Auffüllung und dem Abzug des Sturmwirbels nach Osten trat am 29. August wieder Wetterberuhigung ein.

Es tritt klar hervor, daß ganz außergewöhnliche Umstände im Aufbau der Atmosphäre zusammentrafen, die gerade zufällig über der südwestlichen Ostsee und den angrenzenden Festlandsteilen zu einem so seltenen Unwetter geführt haben; Aufzeichnungen, die ähnlich starke und andauernde Unwetter verzeichnen, sind nicht vorhanden, so daß angenommen werden darf, daß es das stärkste und längste Regenunwetter der letzten 50 bis 80 Jahre war.

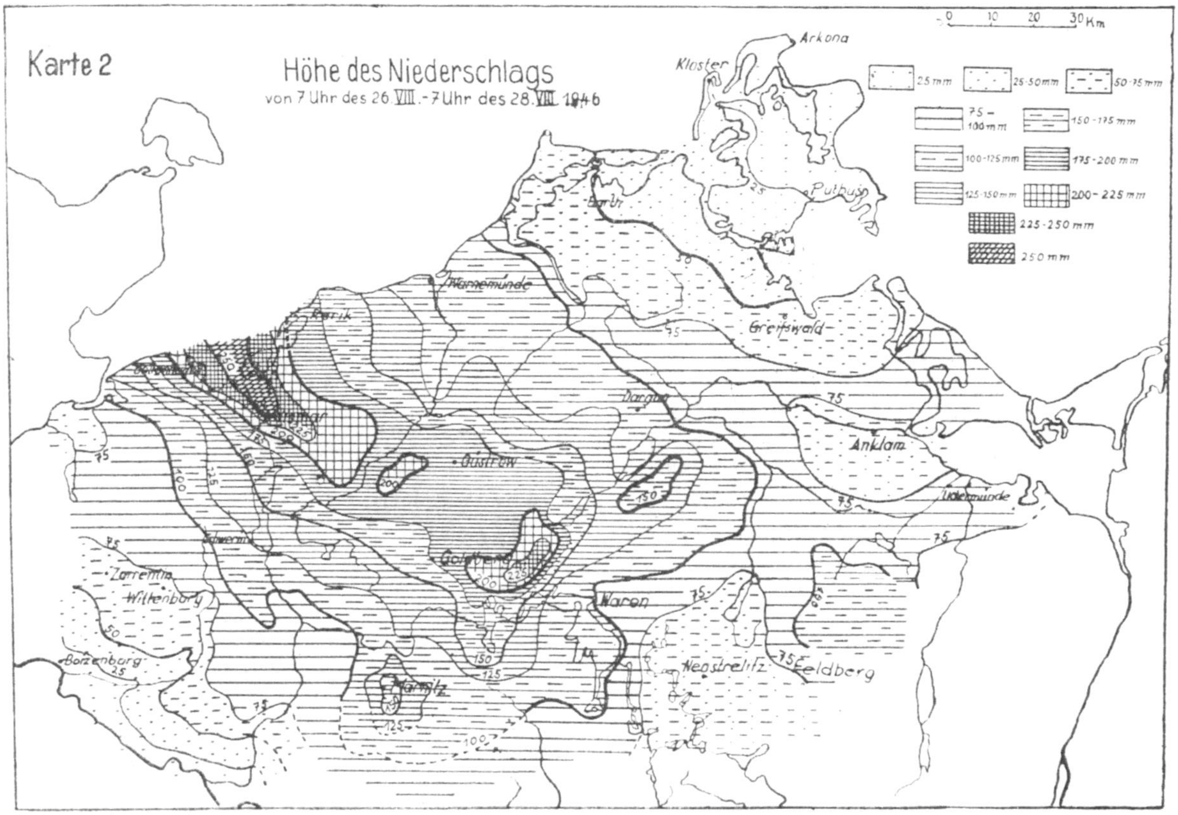

Zusammenfassung: In der Zeit vom 25. bis 27. August 1946 herrschten ungewöhnlich starke und langanhaltende Niederschläge, die eine der größten Unwetterkatastrophen Norddeutschlands brachten. Durch sehr starke Konvergenz entlang einer Luftmassengrenze von der westlichen Ostsee bis zur Pommerschen Bucht wurden Kondensationsvorgänge ausgelöst, die die „tropischen" Regenfälle bedingten. Das Zentrum des Unwettergebietes lag im Nordwesten Mecklenburg, ein zweites Maximum im Raum des westlichen Baltischen Höhenrückens, wo bei ungewöhnlich hoher Feuchtlabilität durch Stau die Niederschlagstätigkeit gesteigert wurde. Im Raum der Wismarer Bucht fielen innerhalb von 46 Stunden über 40 % des normalen Jahresmittels; in Wismar—Bad Wendorf wurden 263 mm Niederschlag gemessen, allein in der Zeit von 20 Uhr des 26. bis 8 Uhr des 27. August 1946 118,5 mm oder rund 21 % des Jahresmittels.

Literatur

1) *Alt, E.*, u. *Fickert, R.:* Die Hochwasserkatastrophe im östlichen Erzgebirge am 8. bis 9. Juli 1927 (Reichsamt f. Wetterdienst. Wiss. Abhandl. Bd. 2 Nr. 4, Berlin 1936).

2) *Berg, H.:* Abnormale Niederschläge in Süddeutschland und ihre Bedingungen (Wetterlage vom 6. bis 8. Mai 1931, Gerlands Beitr. z. Geophysik Bd. 37, S. 148—166, Leipzig 1932).

3) *Dammann, W.:* Nasse und trockene Perioden im Harz in Abhängigkeit von der Wetterlage (Reichsamt f. Wetterdienst. Wiss. Abhandl. Bd. 2 Nr. 8, Berlin 1937).

4) *Haeusser, J.:* Kurze starke Regenfälle in Bayern (Abhandl. d. Bayr. Landesst. f. Gewässerkunde, München 1919).

5) *Hann-Süring:* Lehrbuch der Meteorologie, 5. Auflg., Leipzig 1943.

6) *Hellmann, G.:* Niederschläge in den norddeutschen Stromgebieten, Berlin 1906.

7) *Hellmann, G.:* Über den Charakter der Sommerregen in Deutschland (Sitzungsber. Preuß. Akad. d. Wissensch. 1912).

8) *Hoffmeister, J.:* Untersuchung einiger Niederschläge von langer Dauer und weiter Verbreitung in Norddeutschland (Veröffentl. d. Preuß. Meteorol. Inst., Abhandl. Bd. VIII Nr. 7, Berlin 1926).

9) *Less E.:* Meteorol. Zeitschr. *17*, 49. 1900. Zit. nach Hann-Süring S. 449.

Anschrift des Verfassers: Ostsee-Observatorium Greifswald, Robert-Blum-Str. 8/10.

Singularitäten im Höhendruckverlauf einiger europäischer Orte und ihre Bedeutung für Mitteleuropa

Mit 1 Abbildung

Von E. Kupfer-Quedlinburg

Es war ursprünglich meine Absicht, die räumliche Verteilung und die Häufigkeit der Aktionszentren der Atmosphäre in den verschiedenen Räumen Europas zu untersuchen, da diese Zentren und nicht die Tiefdruckgebiete die eigentlichen Gestalter der Großwetterlage sind. Hierbei mußten natürlich die flachen wandernden kalten Hochdruckgebiete ausscheiden. Sie könnten erst dann Berücksichtigung finden, wenn sie sich in hochreichende warme Antizyklonen umgewandelt hatten. Also konnte der Luftdruck am Boden hierzu nicht verwendet werden, sondern nur der in der Höhe. Eine rein kartographische Darstellung war aber mit zu großen Schwierigkeiten verknüpft, vor allem hätte eine Verlagerung der Aktionszentren zuviel Karten zur Veranschaulichung bedurft.

Ich entschloß mich daher, einfach für einige ausgewählte Stationen in Europa täglich die Höhenlage der 500-mb-Fläche zu bestimmen und diese zu untersuchen, und zwar geschah dies für folgende Stationen: Horta (Azoren), Brest, Seegebiet 60° N 15° W, kurz 06015 genannt, Berlin, Nordkap, Moskau, Feodosia (Krim) und Syrakus (Sizilien). Die Reihe umfaßt den Zeitraum vom 1. April 1941 bis 31. Dezember 1944. Um die Fehler möglichst klein zu halten, vor allem in den Randgebieten, wo keine regelmäßigen Aufstiege zur Verfügung standen, wurden für jeden Haupttag je zwei Vor- und Nachtage zur Mittelbildung mit herangezogen, so daß für den obigen Zeitraum fünftägige übergreifende Tagesmittel zur Verfügung stehen. Leider ist diese Reihe für klimatologische Zwecke noch viel zu kurz. Die Unterlagen für Januar bis März sind leider durch die Kriegsereignisse verlorengegangen. Die Bildung der übergreifenden fünf Tagesmittel geschah graphisch, das Vierjahresmittel jedes Tages wurde rechnerisch bestimmt.

Die in diesen Kurvenzügen sich zeigenden Singularitäten müssen nun nach Schmauss (1, S. 398) trotz der geringen Zeitdauer der Reihe die wirklichen Singularitäten einigermaßen deutlich wiedergeben, mit Ausnahme der Amplituden. Ich will daher die Kurvenzüge im einzelnen besprechen und bei geeigneten Stellen einen synoptischen Überblick über die Großwetterlage Europas hieraus abzuleiten versuchen. Weiter will ich die gefundenen Singularitäten zu denen Mitteleuropas in Beziehung setzen. Hierzu verwende ich die Reihen von Schmauss und Flohn (1 u. 4).

Ich beginne mit Horta und gehe über West- und Nordeuropa zum Osten des Teilkontinents. Bei der Berliner Kurve sind die Fremdeinflüsse dann bereits besprochen, so daß nur noch autochthone Einflüsse übrigbleiben, die ihrerseits allerdings wieder in die Nachbargebiete übergreifen können. Ursache und Wirkung sind daher schlecht zu trennen, was aber für diese Untersuchung gleichgültig sein soll.

Die Azoren

Es ergab sich, daß die Jahresgänge der südlichsten Stationen im Mittel sehr ausgeglichen waren, so daß irgendwelche, zu relativen Extremen neigende Tage kaum angegeben werden können. Das war auch nicht anders zu erwarten. Die hochreichenden Kaltluftvorstöße bis in die Subtropen, die ja vornehmlich eine Senkung der 500-mb-Fläche bedingen, sind ziemlich regelmäßig über das Jahr verteilt, wenn auch mit wechselnder Intensität. Da die Kurven dieser Stationen hierdurch sehr ausgeglichen sind, wurde von ihnen nur Horta veröffentlicht, das von allen veröffentlichten Kurven auch die geringsten Schwankungen aufweist (s. Abb.).

Eine Bündelung*) der Minima von Horta von allen vier Jahren ist jedoch um den 15. Mai und um den 31. Oktober festzustellen. Eine Bündelung dreier Jahre trat um den 18. August und 3. Oktober ein. Die Maxima sind noch weniger zusammengefaßt, nur um den 10. August und 7. November fallen die dreier Jahre zusammen. Die Tiefe und Regelmäßigkeit des Mai-Minimums zeigt die bekannte Verlagerung des Azoren-Maximums weit nach Norden an, wo Brest und 06015 zur selben Zeit ausgeprägte Maxima der Höhenlage der 500-mb-Fläche aufweisen. Es ist dies die Zeit der Kälterückfälle für Mitteleuropa, die hier nach dem 15. Mai durch Hochdruckeinflüsse besonders aus dem Osten rasch an Bedeutung verlieren (s. unter Osteuropa).

Das tiefe Minimum der Azorenkurve am 31. Oktober hat insofern für Mitteleuropa Bedeutung, als die starke Schwächung des Azorenhochs den Aufbau eines nordatlantischen bzw. osteuropäischen Hochs in dieser Zeit nicht behindert; anders ausgedrückt: Das subtropische Hochdruckgebiet in der Höhe verlagert sich in diesen Tagen weit nach Norden (noch weiter als Mitte Mai) oder bis Osteuropa. Am selben Tage tritt auf dem Brocken ein Maximum an Kaltfrontdurchgängen (4) und auf der Zugspitze (1) ein Minimum an Warmfrontdurchgängen ein und dies bei der größten Häufigkeit des Jahres an südöstlichen Winden auf der Zugspitze. Dies kann wohl als erster Regelfall eines winterlichen Kaltlufteinbruches aus Osten angesehen werden.

Westeuropa

In Westeuropa (Brest) ist die Bündelung der einzelnen Jahresextreme an bestimmten Tagen schon ausgeprägter. Gut ausgebildete Extreme dreier Jahre finden sich am 26. April, 13. Mai, 5. Juni, 7. Juli, 27. September, 7. u. 30. Oktober, 10. u. 15. November, 14., 18. u. 26. Dezember. Hier scheint der Übergang vom Winter zum Sommer noch ohne ausgesprochene Singularitäten vor sich zu gehen, mit Ausnahme der Unterbrechung des allgemeinen Druckanstieges um den 11. Juni, was wohl als Auswirkung der Juni-Kälterückfälle gedeutet werden kann. Die Umstellung auf rein sommerliche Druckverhältnisse dauert hiernach etwa bis zur Sommersonnenwende, da bis zu diesem Zeitpunkt der Druck ansteigt.

Das kräftige Minimum am 7. Juli bedeutet im Verein mit dem kräftigen Minimum bei Island zur selben Zeit Aufleben der Westdrift und einen erneuten Vorstoß einer Monsunwelle, die in der Regel um den 6. bis 8.

*) Unter Bündelung der Extremwerte soll der Eintritt eines Wertes an einem bestimmten Tage ± 2 Tage verstanden werden.

in Deutschland eintrifft (nach F l o h n die vierte Monsunwelle). Die weiteren Sommerminima in Brest am 3. u. 21. August und 7. September spiegeln sich nicht sehr deutlich in den deutschen Singularitäten wieder, trotzdem F l o h n seine sechste Monsunwelle ebenfalls wird zweimal unterbrochen, wobei am 2. Oktober und am 9. November ein relatives Maximum erreicht wird. Von diesen ist für Mitteleuropa das erste nicht wichtig, da Einflüsse aus dem Osten überwiegen (s. Osteuropa); wohl aber das zweite. Dieses Maximum stellt einen

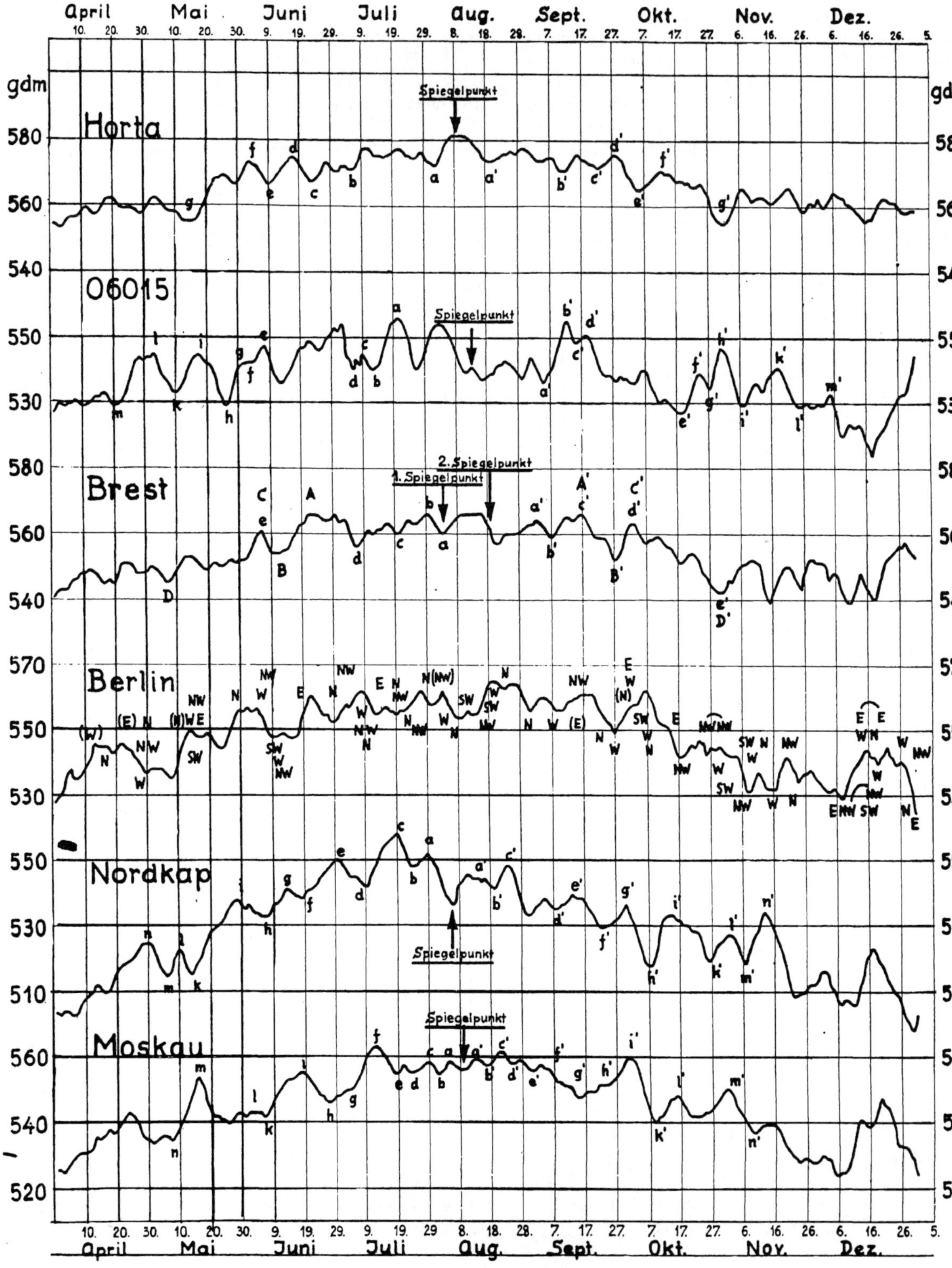

auf den 3. August verlegt. Diese ist jedoch nicht für alle deutschen Stationen gut belegt.

Das tiefe Minimum am 27. September ist wohl als erster Vorbote des Winters zu deuten, der die Zeit der Herbststürme in Europa einleitet. Dieses ab Mitte September eingeleitete Absinken des Höhenluftdrucks Rückfall in sommerliche Druckverhältnisse dar, die in Mitteleuropa die bekannten Wärmerückfälle um den 10. November verursachen.

Das ebenso markante Minimum von Brest, das ebenfalls dreimal in den vier Jahren fast genau auf den 16. November fiel, fällt genau mit dem Häufigkeitsminimum von Warmfronten und dem gleichzeitigen Häufigkeitsmaximum von Kaltfronten auf dem Brocken zusammen. Eine ebensolche Parallelität besteht am 21. November. Man kann also annehmen, daß das Azorenmaximum bis zum Anfang Dezember Westeuropa noch unter seinen Einfluß zwingt. Am 11. und besonders am 18. Dezember, wo in allen vier Jahren ein deutliches Minimum auftrat, ist das Azorenhoch merklich geschwächt, wie aus dem parallelen Gang von Horta, Brest und 06015 klar hervorgeht, und es gewinnt danach seinen durch langanhaltenden Druckanstieg gekennzeichneten Einfluß in diesem Gebiet wieder zurück, verliert ihn aber in den letzten Dezembertagen erneut. Parallel mit den westeuropäischen Maxima am 14. u. 26. Dezember verlaufen die Wärmeeinbrüche aus Westen, die Deutschland je zwei Tage nach Eintritt des Westeuropamaximums erreichen, und die Flohn mit T_2 und T_3 bezeichnet.

Der Nordatlantik

Das Gebiet zwischen Island und Schottland (06015) ist der Gegenspieler der Azorenstation. Wenn auch die Unterschiede in den Extremwerten mit wachsender Breite zunehmen müssen, so war doch nicht vorauszusehen, daß im Gegensatz zu Horta in der Nähe des Islandtiefkernes die Extremwerte der einzelnen Jahre so stark gebündelt auftreten. Es treten eigentlich alle ausgesprochenen Extremwerte in drei von den betrachteten vier Jahren auf, mit Ausnahme des 10. Mai, 30. Juni, 24. u. 27. Oktober und allen Extremen nach dem 10. Dezember. Diese Daten haben nur in zwei Jahren gut ausgebildete Extreme.

Obwohl die ersten drei Monate nicht zur Verfügung stehen, wird man wohl nicht fehlgehen, daß die erste Umstellung vom Winter zum Sommer etwa am 21. April beginnt, und zwar mit einer wesentlichen Schwächung des Islandtiefs, die im weiteren Verlaufe des Jahres sehr oft erfolgt. Das Maximum Mitte Mai ist die schon erwähnte Verlagerung des Aktionszentrums von den Azoren in den nördlichen Atlantik. Ob das Maximum Ende April ähnlich entstanden zu denken ist, läßt sich auf Grund dieses Materials nicht entscheiden. Dagegen ist das Maximum Anfang Juni auf dieselbe Art und Weise entstanden. Man kann die Verlagerung von Horta über Brest nach 06015 an den Daten der Eintrittszeiten der Maxima ablesen, das sich am 2. Juni in der Nähe von Horta, am 5. in der Höhe von Brest und am 7. bis 9. noch weiter nach Norden verlagert hat; währenddessen ist der Luftdruck in Horta bis zum 9. auf ein Minimum gesunken.

Dieses relative Nordatlantikhoch, das den Druckgradienten zwischen Azoren und Island nach einer vorübergehenden Zunahme um den 25. Mai endgültig stark auflockert, zerfällt rasch bis zum 12. Juni, von wo ab sich ein ungestörter Druckanstieg in ganz West- und Nordeuropa (s. auch Nordkap) einschließlich Islands bis zum Ende des ganzen Juni bemerkbar macht. Hiermit ist dann auch für dieses Gebiet die endgültige Umstellung auf rein sommerliche Verhältnisse erfolgt. Die ersten Monsunwellen des Mai und Juni in Mitteleuropa gehen mit NW-Winden einher, wie alle Windstatistiken eindeutig beweisen. Man hat also besonders auf Maxima in der Druckkurve von 06015 in diesen beiden Monaten zu achten. Das Maximum am 16. Mai und 7. Juni bringt in ganz Deutschland starke Niederschlagswahrscheinlichkeit. In Süddeutschland tritt auch um den 4. bis 10. Juni das Jahresmaximum der Gewittertätigkeit ein (4, Tafel 16).

Die weiteren Monsunwellen in Mitteleuropa kommen aber im Juli und August nicht mehr so oft von NW her, sondern von W, was bedeutet, daß jetzt auch die wiederauflebende Westdrift für den Einbruch kühlerer Meeresluftmassen verantwortlich zu machen ist. Diese ist aber nur bei gut entwickeltem Islandtief möglich. Wir müssen also jetzt auch auf Druckfall bei Island achten. Tatsächlich ist aber schon das Minimum am 12. Juni für die nach Flohn zweite Monsunwelle in Mitteleuropa verantwortlich zu machen. Der Juni, der in den Windstatistiken noch oftmals mehr NW- als W-Winde zeigt, ist wohl als Übergangsmonat zu bezeichnen. Die beiden kräftigen Maxima in 06015 am 19. Juli und 2. August können wohl auch noch zu Monsunwellen führen (der 5. u. 6. nach Flohn), genau wie jetzt auch die Minima am 26. Juli und 16. August, die mit der fünften*) und siebenten Monsunwelle nach Flohn zusammenfallen.

Von Anfang August bis Anfang September ist der Druckverlauf in 06015 wenig ausgeprägt, und erst das ausgesprochene Maximum vom 11. bis etwa 18. September fällt genau mit dem Vb-Regelfall in ganz Deutschland zusammen, der die Regenwahrscheinlichkeit überall ein Maximum erreichen läßt, in Aachen sogar bei weitem das höchste des ganzen Monats. Ein Blick in die Windstatistiken zeigt bei allen Boden- und Höhenstationen Deutschlands ein relatives Maximum der rein nördlichen Winde im September, was eine Lage des Hochkernes nordwestlich von Deutschland erfordert. Dies stimmt mit unserer Druckkurve recht gut überein. Leider ist die genaue Lage des Maximums mit dieser Methode nicht anzugeben.

Der nächste charakteristische Extremwert tritt erst wieder in einem breiten Minimum um den 17. Oktober auf, was wohl aber nur durch ein allgemeines Absinken der 500-mb-Fläche im Herbst hervorgerufen wird. Jedenfalls bedeutet es (wenigstens für Mitteleuropa) nicht eine Zeit verstärkter Westdrift, da ja gleichzeitig der Druck in Berlin ebenfalls stark gesunken ist, während er, wie bei der letzten großen Monsunwelle Mitte August, gleichzeitig gestiegen ist. Gerade diese Tage sind ja auch für Mitteleuropa die Hauptföhntage dieses Monats. Das erneuete Ansteigen des Luftdruckes vom 20. bis 31. Oktober mit Hauptmaximum am 31. bei gleichzeitigem Fallen in Horta und Brest läßt ähnliche Verhältnisse wie Mitte Mai vermuten. Eine Prüfung an Hand der Windstatistiken von Deutschland zeigt aber ganz im Gegensatz zum Mai nicht eine Zunahme der nordwestlichen Windrichtungen, sondern eine deutliche Abnahme, wogegen die östlichen bis südöstlichen Richtungen bei vielen Stationen eine starke Zunahme erfahren (s. w. unter Berlin). Ein rein schematisches Arbeiten mit diesen Druckkurven allein würde also ohne Prüfung an anderen Elementen zu Trugschlüssen führen. Wir können auf Grund dieser Windverteilung in Mitteleuropa annehmen, daß der Kern dieses Maximums vielleicht über dem mittleren Nordeuropa liegt. Seine zonale Erstreckung scheint jedenfalls erheblich größer zu sein als seine meridionale; denn Berlin hat um dieselbe Zeit überhaupt kein Maximum und das Nordkap nur ein sehr flaches, wenn es auch in allen vier Jahren ausgebildet war.

---

*) Die Zuordnung der Wellen an ein bestimmtes Datum ist bei Flohn nicht ganz eindeutig.

Von den Extremwerten des November ist das Minimum am 6. besonders markant, was mit einem gleichzeitigen Maximum in Horta eine Verstärkung des Druckgradienten Azoren—Island bedeutet. Merkwürdigerweise hat Schmauss (1, S. 387) aber gerade zum selben Datum ein Minimum des Druckgradienten St. Mathieu—Lerwick gefunden, während alle übrigen Druckgradienten bis zum Jahresende mit noch einer Ausnahme dieselben Maxima und Minima zu denselben Daten $\pm$ 1 Tag aufweisen, wie sie Schmauss angibt. Nur die Amplituden sind verschieden. Diese Ausnahme neben dem 6. November liegt in der Zeit nach dem 20. Dezember bis zum Jahresende, wo der Kurvenverlauf wieder genau invers ist.

Ein genauer Vergleich der Jahresgänge der Gradienten St. Mathieu—Lerwick (25jährige Reihe von Schmauss) mit meiner vierjährigen Reihe Horta—06015 soll später durchgeführt werden. Jedenfalls beendet die wiederauflebende Westdrift ab 6. November eine der Hochdrucklagen des mitteleuropäischen Mittherbstes. Regenfälle und Warmfrontdurchgänge steigen rasch an bzw. erreichen überall in Deutschland Höchstwerte.

Das Maximum am 18. November scheint sich von Nordwesten nach Mitteleuropa auszubreiten, wo es zwischen dem 20. und 26. zum Aufbau eines mitteleuropäischen Hochs führt, das hier nochmals spätherbstliche Hochdrucklagen bringt, die durch besonders kräftigen Föhn auf den deutschen Bergen ausgezeichnet sind.

Die Minima am 8. und 18. Dezember lassen sich leicht mit den von Flohn als T_1 und T_2 bezeichneten Wärmerückfällen aus Westen in Verbindung bringen, während der hieran anschließende langandauernde Druckanstieg (bis Ende des Jahres) zusammen mit einem nord- und osteuropäischen Minimum die Wetterlage um die Weihnachtstage ebenfalls stark zyklonal gestaltet, diesmal allerdings mehr aus NW, wie es auch der Jahreshöchstwert der Häufigkeit von NW-Winden auf der Zugspitze klar erkennen läßt.

Nordeuropa

Nun zur Reihe des Nordkap, die, im großen gesehen, stark kontinentale Züge aufweist [5]. Der Anstieg vom Winter zum Sommer im April wird nur am 16. durch ein in drei von vier Jahren wiederkehrendes Minimum unterbrochen, das ich trotz seiner kleinen Amplitude für wichtig halte. Der weitere Anstieg wird nochmals am 30. April bis zum 14. Mai unterbrochen mit einem kleinen Zwischenmaximum am 10. Mai, das merkwürdigerweise mit dem Minimum am 10. Mai in 06015 zusammenfällt. Die Bündelung der Extreme ist aber ausgesprochen schlecht, und bis zum Ende Juni geht der Druckanstieg im Mittel auch ziemlich „ungestört“ vor sich.

Erst von diesem Termin ab setzt plötzlich eine gute Pointierung der Eintrittszeiten der Extreme ein, wodurch auch die Ausgeglichenheit der Druckkurve verschwindet. Zu diesem Termin zeigen sowohl Moskau als auch Berlin und 06015 nahezu den gleichen Wert von 550 gdm, was auf eine starke Beruhigung in ganz Europa hindeutet. In Mitteleuropa ist diese Zeit als Frühsommermaximum bekannt, das von den einzelnen Hochsommerlagen Mitte und Ende Juli und den Hundstagen Mitte August durch mehrere Monsuneinbrüche getrennt ist. Sowohl die Monsunwellen zwischen den einzelnen Hochlagen als auch die mitteleuropäischen Hochdrucklagen selbst spiegeln sich deutlich im Kurvenverlauf des Nordkap, sogar viel deutlicher als in der Berliner Kurve selbst. Es scheint hier also der Gradient Mitteleuropa—Nordeuropa ausschlaggebend für das Zustandekommen stabiler Hochdrucklagen zu sein. Die Monsunwellen kommen auch nicht mehr wie im Juni und Mai meist mit NW-Winden, sondern mit W-Winden, was ebenfalls für die Bedeutung dieses Gradienten spricht.

Es bedeuten also Maxima im Juli und August am Nordkap Hochdrucklagen für Mitteleuropa, während Minima die einzelnen Monsunwellen charakterisieren. Nach dem letzten Augustmaximum am 24. verliert der Luftdruckgang des Nordkaps rasch an Bedeutung für Mitteleuropa. Das Minimum am 31. August fällt noch einigermaßen gut mit der verstärkten Niederschlagsbereitschaft im nördlichen Deutschland zusammen, jedoch ist das kräftige Maximum des freien Föhns der deutschen Berge (4, Tafel 11) um dieselbe Zeit auf andere Ursachen zurückzuführen, die im Süden zu liegen scheinen (rasche Intensitätsabnahme nach N). Die weiteren scharfen Extreme des nordeuropäischen Luftdruckganges können wohl oft noch sehr gut mit den Singularitäten in Mitteleuropa direkt gekoppelt werden; z. B. die Minima mit erhöhter Niederschlagsbereitschaft, die Maxima mit verstärktem Föhn usw., jedoch sind diese Schwankungen eng verknüpft entweder mit dem Verhalten des Islandstiefs oder dem des Osteuropahochs. Um unnötige Wiederholungen zu vermeiden, wird daher auf die Besprechung der übrigen Kurven verwiesen.

Im weiteren Verlauf des September ist die Kurve des Nordkaps wenig charakteristisch und nur das Minimum am 22. September tritt gut gebündelt auf. Es steht mit der erhöhten Niederschlagsbereitschaft an allen deutschen Stationen im Zusammenhang, während das schwache Maximum am 30. September nur in Ostpreußen, allerdings mit einem sehr kräftigen Minimum der Regenwahrscheinlichkeit zusammenfällt, was Einflüsse aus dem Osten vermuten läßt, wo tatsächlich um dieselbe Zeit Moskau ein ausgeprägtes Maximum besitzt. Somit kann man wohl auch mit einigem Recht behaupten, daß das Maximum des Nordkaps am 30. September ebenfalls von Osteuropa aus beeinflußt wird.

Auch der Abbau dieser Hochlage geht mit der des Osteuropahochs parallel, wie sich jetzt überhaupt die Parallelität mit der Moskauer Kurve geradezu aufdrängt, wobei die Phasendifferenz zwei Tage nicht überschreitet. Nur der Moskauer Gipfel des 13. Dezember findet kein Gegenstück in der Nordkapkurve.

Aber auch mit 06015 ergeben sich ab September gute Vergleichsmöglichkeiten. Der Gang beider Kurven ist im September bis Oktober meist genau gegenläufig, vom Ende Oktober bis Anfang Dezember weist er eine gute Parallelität auf, nur das spitze Nordkapmaximum des 13. November ist wohl besser mit dem des 18. in 06015 zu identifizieren, was bedeuten könnte, daß sich um den 13. in Nordeuropa ein Höhenmaximum einstellt, das sich dann nach Osteuropa ausbreitet, aber auch seinen Einfluß bis in den Nordatlantik erstreckt.

Nach dem 13. November beginnt von N her lang anhaltender Druckfall, der bis zum Ende des Monats anhält und am 18. den Nordatlantik und Osteuropa, am 20. Mitteleuropa und am 22. in abgeschwächtem Maße Westeuropa und vielleicht sogar die Azoren erreicht. Die nachfolgende, etwa 14tägige Welle führt am 2. Dezember zu einem Höchstwert, der sich am 5. Dezember abgeschwächt bis 06015 ausgebreitet hat. Das Maximum am 17. Dezember in Nordeuropa ist zweifelsohne von Mittel- und Osteuropa her beeinflußt, da hier der langanhaltende Druckanstieg schon vier Tage früher eingesetzt hat. Wohl aber kann der Abbau dieser mitteleuropäischen Vorwinterlage von N ausgehen, wo vom 17. bis 29. Dezember großräumiger Druckfall herrscht.

Osteuropa

In der Moskauer Kurve wird der Druckanstieg des April am 24. unterbrochen. Das Minimum tritt entweder am 30. April oder am 7. Mai ein. Um den 15. Mai beherrscht das kräftige osteuropäische Maximum die Wetterlage Europas mit Ausnahme des Nordens, da zum gleichen Zeitpunkt das Azorenmaximum besonders stark geschwächt und auch das Islandtief nicht entwickelt ist. Dies führt zum bekannten Frühsommermaximum, das in allen Klimafaktoren Mitteleuropas wiederzufinden ist, besonders gut natürlich im östlichen Teil. Hier erreicht Königsberg am 15. Mai (neben dem 29. Mai) die geringste Niederschlagsbereitschaft des ganzen Jahres überhaupt, während der Föhn auf den deutschen Bergen erst am 20. Mai beim Zerfall dieses Hochdrucksgebietes sein Maximum erreicht, was durchaus verständlich ist.

Eine ähnliche Ablösung des Azorenhochs durch ein osteuropäisches scheint auch um den 18. Juni die Regel zu sein, jedoch nicht mit derselben Klarheit wie am 15. Mai. Der erneute Aufbau eines Osteuropahochs um den 12. Juli beeinflußt im Druckbild nur Nordeuropa, wohin sich dieses Höhenhoch bis zum 17. Juli hin verlagert. In den Singularitäten einzelner Klimafaktoren in Mitteleuropa macht es sich aber so deutlich bemerkbar, daß Flohn den eigentlichen Hochsommer auf diese Tage verlegt. Zu erwähnen wäre noch, daß das Minimum der Regenhäufigkeit in Königsberg wieder besonders tief ist.

Im weiteren Verlauf des Sommers tritt bis Ende September in Moskau keine ausgesprochene Singularität mehr ein, vielmehr tritt ein gleichförmig wellenförmiger Verlauf mit einer Wellenlänge von acht Tagen in Erscheinung, die sich übrigens auch vielfach (teilweise als Vier-Tagewelle) in den unausgeglichenen Originalwerten wiederfindet, und zwar zeitlich viel länger andauernd als in der ausgeglichenen gemittelten Kurve, die in der Nähe von Singularitätsstellen diese kleinen Oszillationen unterdrückt. Diese treten in der Mittelkurve nur in den von Singularitäten freien Zeiten auf, in Osteuropa aber viel häufiger als im übrigen Europa. Das an Singularitäten arme Azorenhoch hat ebenfalls vielfach Oszillationen derselben Wellenlänge, jedoch soll auf diese Frage hier nicht näher eingegangen werden (vgl. 2).

Mitte September wird die seit Ende August einsetzende Luftdruckabnahme unterbrochen durch den Aufbau eines kräftigen und in jedem Jahre auftretenden Hochs, das um den 1. Oktober kulminiert und sich bis Nordeuropa erstreckt. Hiermit beginnt in Osteuropa wieder die Zeit der Singularitäten. Dieses Hoch dehnt sich bis Mitteleuropa aus, wo der höchste Druck am 7. Oktober erreicht wird. Zweifellos stehen hiermit die Frühherbstmaxima in diesem Gebiet im ursächlichen Zusammenhang. Auffällig ist hierbei weiter, daß die Niederschlagskurven gerade von Ostpreußen, Süddeutschland und den Ostalpen um den 30. September ein besonders tiefes Minimum aufweisen, was im übrigen Mitteleuropa, selbst in Breslau und auf der Schneekoppe, nicht auftritt. Jedoch gehen hier auch die Flohnschen Kurven über Niederschlag und Föhn nicht konform (vgl. 4, Tafeln 11 und 15). Die Zugspitze hat aber nach Schmauss (1, S. 396) gerade Anfang Oktober ein Maximum an NW-Winden, so daß für das Alpengebiet eine Beeinflussung vom Osteuropahoch nicht in Frage kommen kann. Der Einfluß dieses östlichen Hochs scheint sich nur auf das nordöstliche Mitteleuropa (Königsberg) zu beschränken.

Das nächste schwache Maximum um den 1. November erstreckt ebenfalls seinen Einfluß weit nach Mitteleuropa. Hier ist es jedoch nicht mehr an den Niederschlagssingularitäten, sondern nur auf den Bergstationen zu erkennen, die um den 5. November eine so große Föhnhäufigkeit haben, daß Flohn dieses Datum neben dem 15. Oktober als das Hauptmaximum des Herbstes ansieht. Hiermit gut in Übereinstimmung steht auch das Maximum von SE-Winden auf der Zugspitze am 22. Oktober und 1. November, das überhaupt die höchsten Jahreswerte darstellt. Auch die Niederschlagswahrscheinlichkeit auf dem Sonnblick erreicht am 4. November ihren tiefsten Jahreswert. Dies alles macht es sehr wahrscheinlich, daß das Osteuropahoch ziemlich weit im Süden liegen muß, wodurch auch gleichzeitig die geringe Intensität des Maximums in Moskau erklärt sein würde. Daß sich diese Hochlage nicht in den Niederschlagskurven von N- und E-Deutschland widerspiegelt, liegt daran, daß in Flachlandstationen schon häufig Hochnebeldecken mit diesen Wetterlagen einhergehen, aus denen dann Sprühregenfälle möglich sind, die schon leicht 0,1 mm pro Tag ergeben können.

Das tiefe Minimum in Moskau am 6. Dezember hat für Mitteleuropa keine Bedeutung, es zeigt nur, daß bei gleichzeitigem Maximum des Druckgradienten Azoren—Island (1, S. 396) das Westwetter weit nach Osteuropa vorgetragen wird.

Der nach dem 9. Dezember aber in Moskau erneut einsetzende Druckanstieg, der sein Maximum entweder am 13. oder um den 20. erreicht, besitzt wieder große Bedeutung für Mitteleuropa, wo das vorweihnachtliche Maximum auf allen deutschen Bergen kräftigen Föhn bringt, der (zumindest auf der Zugspitze) mit einem Maximum an südöstlichen Winden einhergeht. Diesmal sprechen sogar die Niederschlagsverhältnisse aller deutschen Stationen darauf an. Dieses Hoch bewirkt auch in Nordeuropa noch kräftigen Druckanstieg, wie bereits oben erwähnt. Der Abbau dieses Hochs bewirkt mit dem gleichzeitig einsetzenden Druckanstieg über dem Nordatlantik den Umschlag zu West- bzw. zu Nordwestlagen, kurz zu weihnachtlichem Tauwetter in Mitteleuropa. Die Häufigkeit von NW-Winden auf der Zugspitze erreicht am 28. Dezember ihren Jahreshöchstwert.

Das ausgeprägte Minimum in Moskau wird Anfang Januar erreicht, und der Hochwinter Mitteleuropas um den 20. Januar ist ebenfalls durch ein Osteuropahoch bestimmt, das sein Maximum etwa um dieselbe Zeit in Moskau erreicht. Maxima des Osteuropahöhenhochs liegen noch Anfang, Mitte und Ende Februar, desgl. um den 8. und 19. März, welche Termine alle auch in Mitteleuropa zu einer Ostlage führen können. Allerdings ist das Vorfrühlingsmaximum Mitteleuropas um den 17. März wohl meist keine Ostlage. Diese werden erst wieder ab Mitte Mai für unser Gebiet bedeutungsvoll.

Mitteleuropa

Da Wetter und Klima Mitteleuropas sehr von denen der Nachbargebiete abhängig sind, müssen die wesentlichen Singularitäten Mitteleuropas sich schon in den besprochenen Luftdruckgängen wiederfinden. Ich habe daher an den Berliner Jahresgang oben diejenigen Maxima und unten diejenigen Minima der übrigen Kurven angebracht, die mir irgendwie zur Erfassung der Großwetterlage über Europa bedeutsam zu sein schienen. Die Bezeichnung der Himmelsrichtungen gibt die Lage der Stationen zu Mitteleuropa an.

Das mittlere Frühjahrsmaximum Flohns um den 15. April scheint allerdings nur auf Mitteleuropa beschränkt zu sein, da sich um dieselbe Zeit sonst keine Singularität in Europa findet, mit Ausnahme des nordeuropäischen Minimums, das aber für diese ausgesprochene Hochdrucklage nicht verantwortlich gemacht werden kann.

Dagegen ist der Aufbau einer NW-Lage Ende April bis Anfang Mai, die zum Einbruch kalter Luftmassen unter Gewittertätigkeit (für Süddeutschland bewiesen) führt, aus den Singularitäten von Brest und 06015 deutlich ableitbar. Die Eisheiligen in der zweiten Maidekade und die gleich darauffolgende Stabilisierung der Wetterlage durch Verlagerung des Subtropenhochs bis in den Raum von Osteuropa sind ebenfalls typisch allochthone Züge im Klima Mitteleuropas.

Ende Mai führt der Aufbau eines wieder meist autochthonen mitteleuropäischen Hochs zu der geringsten Regenwahrscheinlichkeit des ganzen Jahres (mit Ausnahme von Süddeutschland mit seinem Winterminima). Es sieht so aus, als ob sich dieses mitteleuropäische Hoch nach Westen und Nordwesten zurückzieht und damit die nordwestlichen Kälterückfälle mit der größten Gewitterwahrscheinlichkeit des Jahres am Anfang Juni bedingt (1. Monsunwelle nach F l o h n). Der Umbau der Großwetterlage von der NW- in eine W-Lage, die am 12. Juni eine erneute Monsunwelle in Mitteleuropa erzeugt, ist deutlich abzulesen.

Das Frühsommermaximum von F l o h n um den 17. Juni ist deutlich als Ostlage zu erkennen, das seine 2. von der 3. Monsunwelle am 23. Juni trennt. Diese dritte Welle zeichnet sich allerdings in meinen Druckgängen nur sehr undeutlich mit einem schwachen Maximum in Brest und 06015 ab, das wegen seiner Kleinheit nicht in die Berliner Kurve mitübertragen wurde.

Eine weitere Monsunwelle aus NW wäre hiernach um den 30. Juni, eine weitere aus West um den 7. Juli zu erwarten, die mit der Flohnschen vierten Welle wieder genau zusammentrifft. Das gleichzeitige Maximum des Höhenluftdrucks in Berlin (7. Juli) bedeutet also keine Hochdrucklage im üblichen Sinne, sondern im Verein mit dem starken südnördlichen Druckgradienten (Minimum am Nordkap) nur eine verstärkte Westdrift, die um den 12. Juli einer von Osten beeinflußten Hochdrucklage Platz macht, die Flohn als einen Gipfel des Hochsommers bezeichnet.

Um den 19. Juli ist durch das Maximum in 06015 eine erneute Monsunwelle „fällig", die sich mit der fünften von F l o h n gut deckt. Nach diesem Termin werden die Gegensätze zwischen Land und Meer ausgeglichener, die Monsunwellen verlieren rasch an Stärke und werden undeutlicher. Die einzelnen Hochdrucklagen, die jetzt eintreten können, haben autochthonen Charakter, auch die Hundstage um Mitte August, die in der Berliner Kurve um den 18. bis 25. auftreten, also um etwa zehn Tage gegenüber den Flohnschen Singularitäten verschoben. Ebenso ist seine letzte Monsunwelle um den 17. August in meinen Kurven überhaupt nicht zu erkennen, was daran liegt, daß diese meist Vb-Lagen zu verdanken ist, die sich gar nicht in den Höhenluftdruckgängen abzeichnen.

Das ziemlich regelmäßige Spätsommermaximum um die Wende vom August zum September scheint wieder ein autochthones Hoch Mitteleuropas zu sein. Erst ab 10. September kommen mit dem Aufbau eines nordatlantischen Hochs wieder fremde Einflüsse in Mitteleuropa zur Geltung, die hier als reine NW-Lage erscheinen, während Flohn diese in vielen Klimafaktoren ausgezeichnete Singularität als Vb-Regelfall ansieht.

Die Ende September einsetzenden Herbststürme, verursacht durch Verstärkung des Islandtiefs, werden durch ein (von Osten oder Westen?) Anfang Oktober nach Mitteleuropa vordringendes Hoch vom Kontinent ferngehalten. Die Zugspitzwinde sprechen für einen westlichen, die Niederschlagskurven Ostdeutschlands für einen östlichen Einfluß.

Das nächste Herbsthoch Mitte Oktober macht sich sehr stark in Süddeutschland bemerkbar, weniger im Norden, selbst in Königsberg kaum. Eine Beeinflussung von Westen her kommt hier jedenfalls nicht in Frage. Es fehlt also eine Balkanstation, um die vermutliche Lage des Höhenhochs zu beweisen. Für die Lage des Hochs im Südosten Europas spricht das gleichzeitige Minimum der Berliner Kurve, das auf eine kräftige W-Lage deutet, und die Schwäche des Moskauer Gipfels.

Um den 27. Oktober stellt sich für ganz Deutschland eine gut ausgebildete NW-Lage ein, die Anfang November wiederum von einer östlichen Hochlage abgelöst wird, die ebenfalls nur in Süddeutschland besonders markante Singularitäten erzeugt.

Bis Mitte November ist dann die verstärkte Westdrift mit Wärmerückfällen für ganz Deutschland bedeutungsvoll, die daher keine ausgesprochenen Singularitäten erkennen läßt. Flohns Spätherbstmaximum um den 20. bis 25. November macht sich zwar in ganz Deutschland mit Ausnahme des äußersten Nordostens bemerkbar, ist aber in der Berliner Höhendruckkurve nur durch einen kleinen Gipfel vertreten. Das Zentrum scheint wiederum im Südosten Europas zu liegen, worauf auch die größere Intensität der Singularitäten in Süddeutschland und der Häufigkeitsgipfel von SE-Winden auf der Zugspitze hindeuten.

Bis zum 8. Dezember tritt dann erneut kräftige Westlage bis Osteuropa ein, die nach diesem Termin (mit einem Rückfall um den 19. Dezember) langsam vom Kontinent von Osten her verdrängt wird. Das vorweihnachtliche Maximum ist deutlich von Osten her aufgebaut, sein Abbau erfolgt aber von N und NW her und führt in Mitteleuropa zum bekannten Weihnachtstauwetter, das bis zur Jahreswende anhält.

Die weitere Bedeutung osteuropäischer Hochlagen im Januar bis März siehe unter Osteuropa.

Spiegelpunkte

Durch Aufsuchen von Spiegelpunkten wurde weiter versucht, einen Zusammenhang der Singularitäten mit Luftdruckwellen zu finden. Die bisher in den Singularitätskurven für Mitteleuropa meist gefundenen Sommerspiegelungspunkte um die Sommersonnenwende wurden aber hier nicht in der Nähe dieses Datums wiedergefunden, sondern allgemein etwa sechs

Wochen später, also um den 10. August, welches Datum auch Schmauss [3] bei der Untersuchung des Luftdruckganges auf der Zugspitze fand.

Eindeutig sind die Verhältnisse in Horta, Moskau und Nordkap, wo die Spiegelpunkte zwischen dem 6. und 9. August schwanken. Die sich entsprechenden Extreme sind an den Kurven mit gleichen Buchstaben eingezeichnet. Auffällig ist die gute, langandauernde Übereinstimmung in Nord- und Osteuropa.

Im Nordatlantik findet sich am 13. August ein doppelter Spiegelungspunkt, d. h., es entspricht jetzt einem Maximum vor dem 13. August ein Minimum nach dem 13. August. Gute Übereinstimmung, d. h. weniger als zwei Tage Unterschied, wird erst in einigem Abstand vom Spiegelpunkt erreicht. Man könnte schon die Daten 26. Juli bis 31. August als den Beginn der guten Übereinstimmung bezeichnen, statt des Paares a—a' (20. Juli bis 5. September).

Einige Schwierigkeiten bereitete der west- und mitteleuropäische Luftdruckgang. Hier konnte man sogar zwei Spiegelungspunkte feststellen, die aber beide nicht dieselben guten Übereinstimmungen ergaben wie in Nord- und Osteuropa. Die korrespondierenden Extreme des ersten Spiegelungspunktes in Brest am 3. August wurden mit großen Buchstaben, die des 2. am 19. August mit kleinen Buchstaben beschriftet.

An der Berliner Kurve fand sich am 11. August ein Spiegelungspunkt, der aber nur für die unmittelbare Umgebung dieses Punktes gute Ergebnisse zeigte, während für die dem Spiegelungspunkt entfernter liegenden Zeiten viel besser der 5. August als Spiegelungspunkt paßt.

Zusammenfassung: *Schmauss* bewies schon 1938, daß die Hauptsingularitäten in Mittel-Europa im wesentlichen aus dem Gang des südnördlichen Druckgradienten in Westeuropa bzw. auf dem Nordatlantik abgelesen werden können. Ich komme selbst in meiner nur vier Jahre umfassenden Reihe zu ganz ähnlichen Ergebnissen; nur will ich den Blick des synoptisch arbeitenden Meteorologen darüber hinaus auch auf die Gebiete lenken, die zu einem bestimmten Datum gern zu einem Aktionszentrum der Atmosphäre werden, das natürlich seinerseits wiederum auf ganz Europa zurückwirkt. Ich meine hiermit neben dem Hauptzentrum Azorenhoch die Wanderung bzw. Ablösung dieses Subtropenhochs nach Mittel- oder Osteuropa.

So konnten die mitteleuropäischen Singularitäten, die im wesentlichen der zusammenfassenden Arbeit von *Flohn* entnommen wurden, direkt in Beziehung zu den Singularitäten des Höhenluftdrucks über Europa gesetzt werden. Nur auf Mitteleuropa beschränkte Drucksingularitäten wurden nur sehr wenige gefunden, was wieder die starke Abhängigkeit Mitteleuropas von Großwetterlagen der Nachbargebiete zeigt.

Literatur:

(1) *A. Schmauss:* Synoptische Singularitäten. Met. Z. *55*, 385, 1938.

(2) Ders.: Singularitäten, Spiegelungspunkte und Wellen. Met. Z. *57*, 89 u. 140, 1940.

(3) Ders.: Kalendermäßig gebundene Wellen und Spiegelungspunkte. Met. Z. *59*, 253, 1942.

(4) *H. Flohn:* Witterung und Klima in Deutschland. Forschungen zur Deutschen Landeskunde, Bd. *41*, Verlag Hirzel, Leipzig 1942. Hier ausführliche Literaturangaben.

(5) Ders.: Kontinentalität und Ozeanität in der freien Atmosphäre. Met. Z. *60*, 325, 1943.

Anschrift des Verfassers: (19b) Quedlinburg. Rathenaustraße 3.

Die Stratosphärentemperatur über Norwegen

Von **R. Penndorf**, Weilburg (Lahn)

Den Temperaturen über Nordskandinavien ist seit den Veröffentlichungen der Abiskoer Registrierballonaufstiege durch Rolf [1] immer großes Interesse entgegengebracht worden, weil sich aus dieser Bearbeitung eine große Jahresschwankung der Temperatur der unteren Stratosphäre ergab. Möller [2] hat dieses Material durch die späteren Registrierballonfahrten von dem benachbarten Riksgränsen erweitert und findet das Minimum im Januar in 18 km bei — 68°, das Maximum im Juni in der gleichen Höhe bei — 36°; also eine Jahresschwankung von rund 30° C! Die starke Temperaturzunahme mit der Höhe im Sommer wurde schon mehrfach als durch Strahlungseinfluß gefälscht angesehen, paßt sie doch gar nicht zu den Sommerwerten von Spitzbergen [3].

Später lieferten die täglichen Radiosondeaufstiege aus Nordnorwegen ein weit besseres Bild der Temperaturverteilung. Da es mir mehr auf einen stichprobenartigen Vergleich zwischen den alten und den heutigen Daten ankommt, als auf eine exakte Aufarbeitung des Materials, habe ich für einige Monate — weitere standen mir bei der Abfassung dieser Untersuchung nicht zur Verfügung — die Werte dem täglichen Wetterbericht des RWD (Seewarte) entnommen. Offensichtliche Druckfehler wurden ausgemerzt, von den anderen Fehlern wurde angenommen, daß sie sich im Mittel aufheben. Die Monatsmittelwerte der Hauptdruckstufen wurden nach der Differenzenmethode berechnet, die Mittelwerte in ein Stüvepapier eingetragen und aus der Druckhöhenkurve Druck und Temperatur für jede Geopotentialstufe abgelesen. Da oberhalb 15 km nur wenige Aufstiege vorliegen, kann diesen Höhen kein besonderes Gewicht beigelegt werden.

Im Januar 1942 und 1943 wurden alle Aufstiege von Tromsö, Vadsö und Kirkenes genommen, sofern sie die Druckfläche von 96 mb erreicht haben, es waren 16 Stück. Für den Februar dagegen wurden sämtliche Aufstiege verwendet, und zwar Vadsö von 1943, Tromsö von 1942 und 1943. Für den Monat August nur die Tromsöer Aufstiege von 1942. Die Tabelle gibt eine Übersicht über die Ergebnisse. In der ersten Spalte finden wir die Temperaturen von Abisko-/Riksgränsen nach Möller [2], in der zweiten den Druck in mb und in der dritten die Temperatur.

Was lehrt uns der Vergleich? Im J a n u a r und auch im F e b r u a r liegt die Temperatur der unteren Stratosphäre (also oberhalb von 12 km) in Nordskandinavien bei — 60 bis — 65° C. Der Winter von 1942 war etwas wärmer als der von 1943, wie die Februarwerte zeigen und auch die Betrachtung der Einzelaufstiege im Januar lehrt. Das wird durch den unterschiedlichen Witterungscharakter der beiden Winter bedingt (strenger bzw. milder Winter in Mitteleuropa). Auffällig ist die ausgeprägt isotherme Stratosphäre in den neueren Werten gegenüber den Möllerschen Daten. Während bei 12 km in beiden Bearbeitungen praktisch die gleichen Temperaturen gefunden wurden, ist der Temperaturgradient, soweit er mit Radiosonden bestimmt ist, zwischen 12 und 18 km sehr klein, im Mittel 0,02°/100 gdm, gegenüber von 0,09°/100 gdm über Abisko, beträgt also nur 1/4! Die starke Temperaturabnahme in der unteren Stratosphäre finden wir in unserem Material ebensowenig wie in den russischen Radiosondenaufstiegen von Franz-Josefs-Land während der Polarnacht [4].

Zusammenfassend ist aus dem Material folgendes festzustellen: Im Winter beträgt die Stratosphärentemperatur über Nordskandinavien etwa — 60 bis — 65°, im August liegt sie in 12 km Höhe bei etwa — 50° und steigt auf etwa — 45° in 18 bis 20 gkm an. Die Jahresschwankung Februar—August beträgt nach unseren Untersuchungen 15 bis maximal 20°, gegenüber von 25 bis 30° nach den früheren Bearbeitungen. Sie ist also wesentlich kleiner, weshalb die Schlüsse, die Vassy ([5], S. 86) aus dem bisherigen Material über die Temperatur in 20 bis 30 km Höhe geschlossen hat, keinesfalls als richtig angesehen werden können. Denn solange die Aufstiege nur 15 bis

Temperatur über Nordnorwegen im Januar, Februar und August

Monat	Januar			Februar							August		
Ort	Abisko	Nordskandinavien		Abisko	Tromsö		Tromsö		Vadsö		Abisko	Tromsö	
Höhe in gkm	t	p	t	t	p	t	p	t	p	t	t	p	t
21	–	40	–61.7	–	41	–57.4	–	–	–	–	—	44	–44.1
20	–	48	–61.8	–	48	–57.7	–	–	–	–	—	54	–44.5
19	–	57	–62.1	–	57	–57.8	–	–	–	–	—	64	–44.8
18	–68.9	66	–62.2	–60.5	66	–58.0	–	–	–	–	–41.3	75	–45.1
17	–68.4	78	–62.4	–59.7	77	–58.1	–	–	–	–	–42.5	88	–45.4
16	–67.5	90	–62.7	–58.4	88	–58.2	–	–	–	–	–43.2	103	–46.1
15	–66.9	107	–62.6	–57.7	103	–58.5	101	–60.9	99	–64.8	–44.2	121	–46.7
14	–67.0	128	–62.0	–57.3	124	–58.8	121	–64.4	118	–64.7	–44.7	143	–47.3
13	–64.1	151	–61.6	–57.2	148	–59.0	143	–61.8	142	–64.6	–46.2	166	–48.1
12	–62.2	176	–61.2	–56.8	174	–59.3	169	–62.2	167	–64.4	–47.6	191	–48.8
11	–61.5	205	–60.7	–58.6	203	–59.7	197	–62.4	195	–64.2	–48.0	220	–49.5
10	–59.4	240	–58.5	–57.0	237	–58.8	230	–62.1	228	–63.6	–47.2	257	–46.7
9	–55.1	282	–53.8	–54.5	278	–55.9	272	–58.0	268	–56.7	–42.1	298	–43.3
8	–48.5	329	–48.7	–49.6	327	–51.6	318	–53.1	315	–50.6	–34.8	348	–36.9
7	–40.8	383	–43.4	–42.8	380	–46.5	372	–47.0	368	–46.7	–27.6	402	–29.7
6	–35.0	446	–37.5	–35.8	444	–39.5	434	–40.5	429	–41.2	–19.5	464	–23.0
5	–28.9	516	–31.5	–29.0	513	–32.3	500	–34.0	498	–33.8	–12.9	532	–16.2
4	–23.1	595	–25.3	–23.2	593	–25.7	578	–26.4	577	–27.2	– 6.4	608	–10.1
3	–18.5	684	–19.0	–17.6	680	–19.2	664	–20.6	662	–20.4	– 1.6	692	– 4.8
2	–13.6	780	–13.0	–13.1	780	–12.8	763	–13.5	757	–14.4	3.2	790	± 0.0
1	– 7.6	895	– 8.4	–10.7	890	– 8.2	872	– 7.1	868	– 7.4	8.5	890	+ 5.2

Im August liegt die Temperatur in der Tropopausenschicht bei — 50° C. Weil die Unterschiede zwischen Tromsö und Abisko recht gering sind, werden die Werte innerhalb der Troposphäre über Abisko reell sein. Darüber nimmt in beiden Fällen die Temperatur zu, jedoch ist die Zunahme in Tromsö wesentlich geringer als in Abisko, was an dem sehr günstigen Aufstiegstermin (05^h) liegt, und was in Einklang mit den schon obenerwähnten Radiosondeaufstiegen von Spitzbergen steht. Die Abiskoer Aufstiege sind im Sommer verstrahlt. Dort wachsen die Temperaturen im August in 18 km auf — 41° an, wir finden in Tromsö nur eine Zunahme auf — 45°. Der Gradient beträgt jetzt nur noch die Hälfte des früheren.

Die Tropopause liegt während des ganzen Jahres in 9 bis 10 gkm Höhe, soweit es diese Mittelwerte erkennen lassen. Doch ist dieser Frage nicht weiter nachgegangen worden, da sie für den hier behandelten Fragenkomplex ohne Belang ist.

maximal 20 km erreichen, darf man die Ergebnisse nicht einfach bis 30 km extrapolieren! Hier können nur Aufstiege mit guten Gummiballonen Klarheit bringen. Die Temperatur größerer Höhen muß auf anderen Wegen erschlossen werden.

Literatur:

[1] *Rolf, B.:* Lancers de Ballons — sondes d'Abisko de 1921 à 1929. Med. Stat. Hydr. Anst. Stockholm *5*, Nr. 5 (1932).

[2] *Möller, F.:* Der Jahresgang der Temperatur in der Stratosphäre. Met. Z. *55*, 161, (1938).

[3] *Penndorf, R.:* Die Temperatur der hohen Atmosphäre. Met. Z. *58*, 1. (1941).

[4] *Penndorf, R.:* Beiträge zum Ozonproblem. Veröffentl. Geophys. Inst. Leipzig. Band 8, Heft 4 (1936), S. 193.

[5] *Vassy, A. u. E.:* Rôle de la température dans la distribution de l'ozone atmosphérique. J. de phys. VIII, 2, 81 (1941).

Anschrift des Verfassers: Weilburg (Lahn), Neugasse 6.

Meteorologische und geophysikalische Sonderberichte

Wirbel-Staubsturm

Von **Walter Lammert**, Einbeck (Hann.)

Im Zusammenhang mit einem Wechsel der Großwetterlage geriet der südhannoversche Raum (Beobachtungsort Einbeck, Leineniederung zwischen Solling und Harzausläufer) am 14. Mai abends auf die Vorderseite der Troglinie tiefen Drucks, die sich zwischen einem abziehenden, sehr warme Festlandsluft vermittelnden Ostseehoch und der vom Azorenhochausläufer gesteuerten, über Westeuropa schnell ostwärts vordringenden erheblich kühleren Meeresluft gebildet hatte. Wetterlage in Einbeck, 14. Mai, 17^h30^m MEZ: 27.5^c, $^2/_{10}$ bewölkt von Cu. aus ESE, Bodenwind E, Stärke 4, Luftdruck 1004 mb, stärker fallend. Das Gewölk wies keinerlei Anzeichen für Schauer- oder Gewitterbildung auf. — Um 17^h45^m begann, schlagartig vom Südhorizont ausgehend, schnelle Verdichtung der Cu., Entwicklung von Cu. Nb und zahlreicher „Gewittertürmchen" aus dem oberen Rand des zwischen den Cb entstehenden Stratus. Die „Köpfe" der bisher scharf gezeichneten Cb zerflossen ineinander und zerfaserten zu einer den ganzen unteren und mittleren SE-Horizont bedeckenden Gewitterwand bis zu etwa 2500 m Höhe. Der Bodenwind erlosch, bei drückender Schwüle wurden fast 28° gemessen. Die ersten Donnerschläge erfolgten um 18^h, Zenit und die gesamte NW-Hälfte des Himmels waren wolkenlos geworden, während vorher dort einige Cu. sich befunden hatten. Zeigte bis jetzt die Wetterentwicklung noch keine Absonderlichkeiten, so nahmen die nun folgenden Ereignisse eine ungewöhnliche Form an.

In der schwarzblau gefärbten Gewitterwand im SE begann plötzlich eine braungelbe Verfärbung, offensichtlich aus der Tiefe heraus, als wenn sich eine dicke, hellere Qualmschicht explosionsartig unter die hohen, dunklen Wolken legte. Diese Verfärbung zeigte sich aber nur auf dem mittleren Sektor der vom Beobachtungsplatz aus den gesamten E-Horizont einnehmenden Gewitterwand, links und rechts blieb die ursprüngliche normale Färbung. Die Vermutung, daß die Verfärbung des mittleren Teils der Wolkenwand auf einen dort beginnenden Hagelschlag oder Wolkenbruch zurückführte, fand durch das zunächst fern und gedämpft, bald schnell näherkommende Brausen und Brummen, das sich von dem bekannten Rasseln bevorstehenden Hagels oder Platzregens unterschied, ihren Widerspruch. Das Brausen aus E nahm eine derartige Stärke an, daß der Gewitterdonner darin unterging und man sich nur mit größerem Stimmaufwand unterhalten konnte. Am Beobachtungsplatz herrschte, 18^h8^m, noch völlig unbewegte, drückend schwüle Atmosphäre, die einen geradezu lähmenden Charakter hatte. Die Vögel waren still und unsichtbar geworden, kein Insekt war zu beobachten, die Hühner hatten sich mit zum Boden gewandten Kopf zusammengekauert, dabei schien die Sonne an dem noch offenen Westhimmel.

Das Folgende spielte sich blitzartig schnell ab. 18^h10^m brach die braungelbe Wand am E-Himmel mit einem heftigen Windstoß aus E vor, gewaltige Staubwolken, etwa 500 m hoch, quollen über den Zenit zum Westhimmel, die Sonne sah aus wie hinter Rauchwolken einer brennenden Stadt. Die hohen Gewitterwolken wurden überholt, in zwei Minuten bestand das ganze Himmelsgewölbe aus einem schmutzigen Dunkelgelb. Dem ersten Windstoß folgte ein E-Sturm, der in Böen schätzungsweise 35 bis 45 m/s erreichte. Riesige Staubwolken rasten jetzt auch in der Tiefe, die Sichtweite ging auf 20, zeitweise 10 m zurück, die Luft war ein einziges quirlendes Staubmeer, in dem die Atmung fast unmöglich wurde und man nur mit Mühe die Augen geöffnet lassen konnte. In wenigen Minuten war der Boden, so weit man ihn erkennen konnte, mit einer gelbbraunen Schicht überzogen, an den Ostseiten der Häuser, in den Straßenrinnen, vor Baumstämmen entstanden innerhalb des vier Minuten währenden Staubsturms bis zu zwei Finger hohe Anhäufungen feinen Staubsandes, der, wie unschwer festzustellen war, den gleichen Charakter hatte wie die Erde der im Leinetal befindlichen Äcker.

Ein besonders interessantes Phänomen verband sich mit dem Stauborkan, wie der Verfasser und mehrere Zeugen unabhängig voneinander bekunden konnten, an den Licht- und Telegraphenmasten. Aus den Porzellanköpfen und dem Gestänge begannen zischend und knisternd hellweiße Funkenstreifen zu sprühen, die durch den rasenden Sturm 2 bis 3 m seitwärts oder längwärts, je nach der Linienführung, gepeitscht wurden. Charakteristisch ist es auch, daß man in einem zufällig nicht abgestellten Rundfunkgerät Knattern höchster Lautstärke vernahm, als wenn Erbsen auf Blech geschüttet werden. Mit dem allmählichen Abklingen des Sturms hörten die elektrischen Sprüherscheinungen und das Knattern im Rundfunkgerät auf.

Erst nach dem Sturm, 18^h18^m erreichte das Gewitter den Beobachtungsplatz, es kam mit vier leichten Donnerschlägen nur schwach zur Entfaltung. Der einsetzende, mäßige Regen verwischte die eigenartigen Spuren des Staubsturms im Gelände sehr bald, lediglich die auffallend gelben Wasserpfützen und dicke Staubschichten hinter den Fenstern der Ostseiten von Wohnungen deuteten auf das Ereignis zurück. Die Temperatur war von 28° auf 15.5° gesunken, stieg aber bei NE 1 wieder bis 19.5° an. Die Gewitterwand löste sich im Sichtbereich des Verfassers am mittleren Westhimmel schnell auf, so daß um 18^h50^m wieder fast wolkenloser Himmel herrschte, einige Restwolken zeigten keinerlei Bewegung, der Luftdruck erreichte seinen Tiefstand mit 998 mb, offenbar lag der Beobachtungsplatz zu diesem Zeitpunkt im Zentrum der langsam gegen NE wandernden Troglinie.

Es ist anzunehmen, daß die Windhosen auf einem regionalen Gebiet der Leineniederung östlich Einbeck entstanden und die feine Erdkrume mehrere hundert Meter hochgewirbelt wurde. Weiter westwärts hörten die Vorbedingungen für die Entwicklung der Wirbel auf, dafür trat der Gewittern häufig vorangehende Sturm ein, der den hochgewirbelten Staub übernahm und weitertrug und, infolge seiner Stärke, auch erhebliche Mengen neuer Staubmassen in der Nähe des Erdbodens weitertrieb.

* * *

Glaubwürdige Parallelbeobachtungen, die der Verfasser durch Nachfragen erhielt, stammen aus dem Raum 2 bis 8 km östlich Einbeck, ebenfalls zur Leineniederung gehörig. Über dem landwirtschaftlich benutzten Gelände östlich Einbeck und bei Salzderhelden

(Bahnstrecke Hannover—Northeim—Göttingen) sind wenige Minuten vor Ausbruch der lokal sich bildenden Gewitter, die hier ziemlich stark auftraten, zahlreiche kleine, etwa 3 bis 5 Meter Bodendurchmesser betragende windhosenartige Staubwirbel beobachtet worden, die pfeifend und heulend korkzieherartig erhebliche Mengen des durch die lange Trockenheit ausgedörrten und lockeren Erdreichs Hunderte von Metern hochwirbelten. Die Zahl dieser Staubwirbel wird mit insgesamt 50 bis 60 (? Der Verfasser) angegeben; sie sind im gesamten Beobachtungsbereich der Zeugen aufgetreten. Einige Beobachter erklärten, was auch einleuchtet, daß jeweils 4 bis 7 Windhosen „tätig" gewesen seien, es wären aber immer wieder neue entstanden, der Vorgang habe sich auf wenige Minuten Dauer erstreckt. Übereinstimmend wurde erklärt, daß die Kraft der einzelnen Staubwirbel nicht besonders groß gewesen sein müsse, denn es seien neben der feinen Erdkrume nur einzelne Grasbüschel, kleine Holzstücke, Zweige und hier und da Dachziegel in die Höhe geschleudert worden. Ein auf dem Nachhauseweg nach Salzderhelden befindlicher Angestellter bekundete dem Verfasser, daß er die Entstehung der Windhosen aus etwa 1000 m Entfernung von der Landstraße aus miterlebt hätte. Er habe sich, da er einen Wirbelsturm befürchtet habe, angesichts der aufwirbelnden Staubspiralen in einen Graben gesetzt. Die Landschaft habe mit den nach oben spitz zulaufenden und in der Luft verschwindenden Staubsäulen unheimlich-grotesk ausgesehen, besonders seltsam wäre das Pfeifen und Heulen gewesen. Aus der Landschaft, besonders von Äckern, die noch nicht viel Saat aufwiesen, seien laufend Staubwirbel „wie aus dem Boden in die Luft geschossen". Schließlich sei eine dicke Staubwand vor ihm entstanden, die mit riesiger Schnelligkeit auf ihn losgebraust sei. Er habe sich im Graben mit dem Gesicht nach unten geduckt, der Staubsturm habe in dem Augenblick aufgehört, als es zu regnen begonnen hätte. Weit im Westen wäre der Himmel noch dunkelgelb gewesen. Er selbst sei von einer nassen Lehmschicht bedeckt gewesen.

Im engen Einbecker Raum und westwärts davon fielen während des Sturms die in der Luft befindlichen Staubmassen allmählich zu Boden. Die elektrischen Erscheinungen dürften mit einem ungewöhnlich starken Spannungszustand der unteren Atmosphäre, gesteigert (oder zur Entladung gebracht?) durch den Sturm und die mit dem Sturm jagenden Staubpartikelchen zusammenhängen. Infolge Fehlens verschiedener Spezialinstrumente mußte sich der Verfasser auf seine unmittelbaren Beobachtung beschränken und diese von glaubwürdigen Zeugen erweitern lassen.

Anschrift des Verfassers: Walter Lammert, (20 b) Einbeck, Bismarckstraße 21..

Beobachtungen von farbigen Halo-Erscheinungen

Von **Diedrich Wattenberg** - Berlin

Die Mitteilung über „eine merkwürdige atmosphärisch-optische Erscheinung" von Prof. F. Baur (Z. für Met., 1947, H. 4/5, S. 150) rief bei mir die Erinnerung an zwei ähnliche Wahrnehmungen wach, worüber die unmittelbar niedergeschriebenen Einzelheiten im Kriege leider verlorengegangen sind, so daß ich sie nur so wiederzugeben vermag, wie in meinem Gedächtnis vor mir stehen.

Am Nachmittag des 12. Juni 1944, gegen 17 Uhr 30 Min. MEZ, sah ich bei Dourdan (südwestlich von Paris, $\varphi = 48^0 34'$) in einer Höhe von 75^0 bis 78^0 im westlichen Bereich der Zenitregion ein sehr deutlich ausgeprägtes, hell leuchtendes Spektralband, das einen Ausschnitt aus einem Regenbogen darzustellen schien, aber anscheinend nur dadurch sichtbar wurde, daß es auf einen schmalen Wellenstreifen von Cirrus undulatus projiziert wurde. Die Sonne besaß eine Höhe von etwa 30^0 und schien von Cirrus nebulosus umgeben. Indessen herrschte zwischen den Wellen des Cs. und. klarer Himmel. Von einer Halobildung waren keine Spuren erkennbar, obwohl sicherlich eine Neigung dazu bestand. Das auf der Cirruswelle liegende Regenbogenband besaß die Normalbreite eines Regenbogens, stand aber etwas südlich (d. h. links) vom Vertikal der Sonne und zeigte am roten und violetten Rand scharfe Begrenzungen. Das rote Ende lag auf der zur Sonne gewandten Seite. Die Längsausdehnung entsprach angesichts der schmalen Cirruswelle nur etwa der doppelten Breite, so daß sich das Farbenband außerhalb der Wolke im blauen Himmelsgrund verlor. Von einer konvexen (der Sonne zugewandten) Krümmung war zunächst nichts zu bemerken. Nach etwa 10 Minuten verblaßte die Erscheinung, zumal die Cirruswolke den Wirkungsbereich des Spektrums verlassen hatte. Dafür trat aber nördlich (rechts) vom Vertikal der Sonne auf dem sich von SW heranschiebenden Cirrusgewölk nochmals das gleiche Bild hervor, das allerdings merklich blasser und farbloser erschien, aber doch den Eindruck hervorrief, als sei hier die Fortsetzung eines auf dem klaren Himmelsgrunde unsichtbaren Regenbogens vorhanden, dessen konkave Seite sich zum Zenit auftat.

Obwohl ich bezüglich der Zahlenangaben ausschließlich meinem Gedächtnis folgen muß, so glaube ich doch, daß der Radius des im vorliegenden Falle nur durch zwei nichtzusammenhängende Punkte angedeuteten Kreisbogens nicht größer war als 22^0. Allerdings möchte ich hinzufügen, daß sich mir dieser Zahlenwert erst aufdrängte, als ich die Arbeit von Prof. Baur gelesen hatte. Ich erinnere mich nicht, bei der Beobachtung selbst den Versuch unternommen zu haben, den Winkelabstand der beiden Örter und den Radius des von ihnen angezeigten Kreisbogens näher zu ermitteln. Da mir anderseits eine Verwechslung mit irisierenden Wolken ausgeschlossen erscheinen will, glaube ich (wie auch Prof. Baur dies zu tun geneigt ist) annehmen zu dürfen, daß in dem hier beschriebenen Falle ebenfalls nur eine Identifizierung mit dem oberen Berührungsbogen eines 46^0-Halos möglich ist, obwohl der Bogen nur ausschnittweise wahrnehmbar war.

Bei einer anderen Gelegenheit beobachtete ich Ende Juni 1943 in Südrußland, wo ich den Sonnen- und Mondhalos meine besondere Aufmerksamkeit zuwandte, in der Mittagszeit während der schon seit einiger Zeit bestehenden Bildung von Cs. neb. einen Sonnenhalo von 46°, der sich vom Himmelsgrund deutlich abhob, an einer Stelle aber (nahe dem Zenit), wo der Untergrund eine stärkere Trübung zeigte, die Farben des Regenbogens erkennen ließ, die sehr bald ein verwaschenes, ins Violette hinüberwechselndes Aussehen annahmen. Leider kann ich auch darüber nähere Einzelheiten nicht angeben.

Anschrift des Verfassers: (1) Berlin-Treptow, Sternwarte.

Witterungsbericht der sowjetischen Okkupationszone Deutschlands

Bearbeitet im Meteorologischen Zentralobservatorium Potsdam

März 1947

Der März war mit Ausnahme der Höhenlagen des Erzgebirges, Fichtelgebirges und des Thüringer Waldes etwas zu kalt und allgemein niederschlagsreich.

1. Tiefdruckeinfluß eines Sturmtiefs

2.–4. Heiteres Hochdruckwetter

5. u. 6. im Süden Tauwetter, im Norden noch Frost, Tiefdruckeinfluß mit vordringender Warmluft

7. Erneuter Warmluftvorstoß

8.–10. Zwischenhochlage mit neuem Frost

11 Störungstätigkeit mit Niederschlägen

12. Heiteres Zwischenhochwetter

Am 1. lag die Zone noch im Bereich kräftiger Westwinde, die zu dem Kern des Sturmtiefs gehörten, das am Ende des Vormonats vom Niederrhein nach der westlichen Ostsee gewandert war. Dieser Kern zog am 2. nach dem Baltikum ab. Gleichzeitig machte sich in Mitteleuropa ein kräftiger Druckanstieg geltend, der zum Aufbau einer großräumigen Hochdruckbrücke führte und das grönländisch-isländische Hoch mit einem Hochkern über dem Balkan verband. Die Hochdruckbrücke brachte heiteres, niederschlagsarmes Wetter. In diesen Zeitraum fiel infolge der nächtlichen Ausstrahlung im Süden und äußersten Norden der Zone das Monatsminimum der Temperatur. Erst am 5. wurde die Hochdruckwetterlage durch einen neuen Warmluftvorstoß an der Südflanke eines Tiefs südlich von Irland unterbrochen. Die Warmluft, welche aus dem Mittelmeergebiet herangeführt wurde, konnte nur den Südteil der Zone überqueren und kam etwa an der Spree und der mittleren Elbe zum Stillstand. Die Bewölkung schloß sich dabei im gesamten Raum rasch, strichweise fiel im Süden stärkerer Regen, im Norden etwas Schnee. Am 6. hatte sich diese Lage derart umgestaltet, daß von der Normandie quer durch Mitteleuropa nach dem mittleren Westrußland eine Furche tiefen Druckes reichte. Nördlich dieser Furche herrschte eine kalte Ostströmung, südlich davon eine warme Südwestströmung vor. Am 7. zog ein Tiefkern an der Ostseeküste entlang. Diesmal konnte die mitgeführte mildere Luft die gesamte Zone überfluten, so daß an diesem Tage seit dem 20. Januar erstmalig positive Höchsttemperaturen an sämtlichen Stationen erreicht wurden. Die diesem Ostseetief nachdrängende Kaltluft brachte jedoch rasch wieder Frost. Am 8. stellte sich wieder eine Zwischenhochlage über Mitteleuropa ein. Die Zone blieb dabei bereits in der Westströmung. Die vorwiegend heitere Witterung des Zwischenhochs hielt bis zum 11. an. An diesem Tage gelangte die Zone wieder in den Einflußbereich eines Tiefkerns, der sich am Rande des ostatlantischen Zentraltiefs über der Irischen See gebildet hatte und über Nordwestdeutschland und den Harz weiter rasch ostwärts zog. Diesmal blieb der Nordteil der Zone wieder im Bereich der Kaltluft. Diese Störung brachte erhebliche Niederschläge, im Süden als Regen, im Norden als Schnee. Hinter der abziehenden Störung stellte sich im Laufe des 12. erneut eine kurzfristige Zwischenhochlage mit heiterem Wetter ein. Die nächtliche Ausstrahlung reichte im Mittelteil der Zone aus, um dort die Temperatur auf den tiefsten Wert sinken zu lassen. Bereits am 13. wurde das Zwischenhoch von erneut aus dem Südwesten vordringende wärmere Luft abgebaut. Der Tiefkern, diesmal war es der Kern des früheren ostatlantischen Zentraltiefs selbst, zog entlang der Ostseeküste. Seine milderen Luftmassen konnten sehr weit nach Norden vordringen und führten dort am 13. und 14. zu den höchsten Niederschlagsmengen des Monats. Am 15. hatte sich wieder eine heitere Zwischenhochlage eingestellt. Am 17. zog ein Sturmwirbel von Mittelengland über die Nordsee und Jütland nach der mittleren Ostsee. Damit begann endgültig das Tauwetter auch im Norden der Zone. In der Folgezeit riß der Transport milder Meeresluft aus dem Südwesten nicht mehr ab. In gleicher Weise überquerten die Zone weitere Warmluftvorstöße mit frontalen Störungen am 22. und 28. Der letztere hielt bis zum Monatsende an und führte vom 28. bis zum 31. in fast allen Teilen der Zone zu den Höchstwerten der Temperatur.

13. u. 14 Aus Südwesten vordringende Warmluft mit Regen

15. u. 16. Heiteres Zwischenhochwetter

17.–31. Stark wechselhafte trübe Witterung, anhaltendes Tauwetter, Tiefdruckeinfluß

Temperatur

Das Monatsmittel der Temperatur lag im Ostseeraum um den Gefrierpunkt, und stieg im übrigen Gebiet nach Süden fortschreitend von 1 auf 3 Grad an. Die Abweichungen vom Normalwert betrugen im Flachland — 2 bis — 3 Grad. In den höheren Lagen waren sie etwas geringer und erreichten sogar gebietsweise ein bis zwei Zehntel über dem Durchschnitt. Da diese höheren Lagen oftmals bereits in die über der Bodenkaltluft lagernden wärmeren Luftmassen eintauchten, ist diese Erscheinung leicht zu erklären. Die Höchsttemperaturen wurden fast durchweg zwischen dem 28. und 31. erreicht. Sie lagen im allgemeinen zwischen 15 und 20 Grad. Nur die Ostseeküste und die Kammlagen der Mittelgebirge erreichten 10 bis 14 Grad. Diese Werte schwankten nur wenige Zehntelgrade um die entsprechenden Normalwerte. Die Tiefsttemperatur wurde im Mittelteil der Zone am 13., sonst vorwiegend am 3. und 4. gemessen. Infolge der verschiedenen Ausstrahlung schwankten ihre Werte zwischen — 10 und — 22 Grad. Im Vergleich zum langjährigen Durchschnitt lagen sie durchweg darunter. Nur der Inselberg erreichte nicht ganz das normale Temperaturminimum. Im Süd- und Mittelteil der Zone wurden 3 bis 5, im Norden 5 bis 13 Eistage gezählt. Das ist im Norden um 4 bis 10, im übrigen Gebiet um 1 bis 4 Tage über der Normalzahl. Die Zahl der Frosttage verteilte sich etwas gleichmäßiger und schwankte zwischen den Grenzen 14 und 22. Auch sie war meist um 2 bis 7 Tage höher als sonst.

Niederschlag Infolge der störungsreichen Witterung des Monats war der Niederschlag allenthalben überdurchschnittlich hoch. Seine absoluten Beträge lagen zwischen 100 und 190 mm im Bereich der Mittelgebirge, im übrigen Gebiet zwischen 35 und 90 mm. Die Summe des normalen Niederschlages wurde allgemein um 10 bis 170 % überschritten. Der Schwerpunkt der Abweichung lag infolge von Stauerscheinungen an den Süd- und Südwesthängen der Mittelgebirge. Die Niederschläge fielen an 15 bis 25 Tagen, davon wurden an 4 bis 8 Tagen Schneefälle beobachtet. Die relativ hohe Zahl der Niederschlagstage und der Tage mit Schneefall entspricht dem vorwiegend zyklonalen Charakter des Monats bei verhältnismäßig tiefer Temperatur. Die größte Niederschlagsmenge fiel im Norden vorwiegend am 13. und 14., im Süden meist am 6.

Bewölkung Auch der Bedeckungsgrad lag infolge der störungsreichen Witterung zwischen 7,0 und 8,5 und damit um etwa ½ bis 2 Zehntel über dem langjährigen Durchschnitt. Nur an vereinzelten Stationen konnten 1 bis 3 heitere Tage gezählt werden, die Zahl der trüben Tage ist dagegen mit 10 bis 20 als ziemlich hoch zu bezeichnen.

Sonnenscheindauer Die Sonne schien im Flachland 75 bis 115, im Bereich der Mittelgebirge nur 60 bis 80 Stunden. Das sind etwa 20 bis 32 bzw. 16 bis 22 % der überhaupt möglichen Sonnenscheindauer. Gegenüber der Normalen war ein Defizit von 7 bis 25 Stunden zu verzeichnen.

Besondere Erscheinungen Durch die besonders ergiebigen Niederschläge der vorhergegangenen Zeit, insbesondere im Quellgebiet der Flüsse und an deren Oberläufen sowie durch die im Süden weitaus früher erfolgende Zufuhr maritimer Warmluft und die damit dort frühzeitig einsetzende Schneeschmelze führten die Oberläufe sämtlicher Flüsse um die Mitte des Monats eine große Wassermenge mit. Da die Mittel- und Unterläufe von Oder und Elbe noch mit Eis bedeckt waren, kam es zu Eisstau und zu rasch ansteigenden Wasserständen im mittleren Teil der beiden Flüsse. So nahm der Pegelstand der Elbe außerordentlich schnell zu und erreichte am 24. in Wittenberge den Höchststand. Während das Hochwasser der Elbe nur kleinere Dammbrüche an ihren Nebenflüssen durch Rückstau und Beschädigungen von Notbrücken verursachte, stieg der Wasserstand im Mittellauf der Oder infolge der geschlossenen Eisdecke an deren Unterlauf und der dadurch entstandenen Eisstauungen und Eisbarrieren bis zum 21. rasch an und verursachte am 22. einen Dammbruch oberhalb von Küstrin. Das gesamte Oderbruchgebiet zwischen Küstrin und Hohensaaten wurde so in katastrophaler Weise vom Hochwasser überschwemmt.

Die Sonnenscheindauer im März 1947

Station	in Stunden	in vH der mögl. Dauer	Abweichung in Std. v. d. normalen
Boltenhagen	82,9	*22*	—
Wittenberge	92,2	*25*	—
Angermünde	×	×	—
Wall	105,2	*28*	— 9,2
Potsdam	88,1	*24*	— 23,5
Schierke	59,4	*16*	—
Quedlinburg	84,0	*23*	— 15,2
Halle-Stadt	92,9	*25*	— 24,9
Dresden-Wahnsdorf	92,4	*25*	— 6,8
Sonneberg	72,6	*20*	—
Fichtelberg	79,8	*21*	— 10,1

Die Witterung im Monat März 1947

Station	Seehöhe (m)	Lufttemperatur in C⁰ Mittel	Abweichung v. d. normalen	höchste	Datum	tiefste	Datum	Feuchtigkeit in %	Bewölkung 1—10	Niederschlag Höhe mm	in % d. normalen	Maximum mm	Datum	Zahl der Tage: Niederschlag ≥ 0,1 mm	Niederschlag ≥ 1,0 mm	Schnee	heitere	trübe	Nebel	Gewitter	Sturm	Eistage	Frosttage	Sommertage
Putbus	54	— 0,5	— 2,5	11,0	31.	—16,1	3.	*85*	7,1	76,9	*192*	15,6	7.	15	12	6	3	15	8	-	—	13	17	-
Warnemünde	1	— 0,2	×	15,4	31.	—15,1	10.	*88*	8,3	80,3	*251*	16,5	14.	21	15	5	-	18	12	1	1	8	17	—
Schwerin	59	0,4	— 2,5	15,9	31.	—13,1	3.	*89*	8,4	75,2	*163*	18,1	14.	21	16	5	—	19	10	2	1	9	21	-
Neustrelitz	64	0,3	— 2,6	16,0	31.	—21,3	3.	*85*	8,3	52,3	*122*	11,5	14.	23	15	7	—	20	7	—	1	8	21	-
Kyritz	49	0,7	— 2,5	16,5	31.	—17,8	13.	*85*	7,5	65,5	*177*	14,3	14.	22	15	6	—	15	9	2	1	6	19	—
Berlin-Dahlem	55	1,9	— 1,5	17,5	31.	—14,2	13.	*83*	7,7	58,2	*157*	12,2	14.	17	14	5	2	19	3	—	1	5	18	-
Frankfurt a. O.	59	1,7	— 1,7	16,7	24.	—14,4	13.	*79*	7,9	58,1	*171*	15,4	20.	21	11	6	—	15	2	1	1	6	17	—
Magdeburg	79	1,6	— 2,5	17,5	31.	—17,3	13.	*83*	7,4	35,8	*108*	9,0	14.	16	9	6	1	14	6	1	—	5	18	-
Jüterbog	65	1,5	— 2,0	17,5	31.	—17,1	13.	*80*	7,1	57,4	*191*	9,9	12.	18	14	7	1	11	6	1	-	3	22	-
Cottbus	74	2,1	— 1,7	17,7	31.	—17,0	4.	*79*	7,4	70,2	*190*	11,1	12.	23	15	7	—	14	2	1	1	3	20	-
Halle-Passend.	78	2,4	— 2,0	18,9	28.	—18,8	4.	*82*	7,8	38,5	*128*	5,8	23.	19	12	8	1	17	8	1	-	4	16	-
Görlitz	238	2,2	— 1,0	15,1	28.	—17,1	4.	*81*	7,8	62,5	*139*	18,7	6.	20	14	6	1	18	5	1	2	6	16	-
Dresden-Wahnsd.	246	2,7	— 0,7	17,4	28.	—12,4	4.	*79*	8,0	73,9	*200*	11,4	6.	23	16	5	—	17	7	1	—	3	16	—
Erfurt-West	254	3,0	— 0,2	17,9	28.	—13,0	4.	*79*	7,7	50,9	*170*	6,6	6.	20	14	4	—	15	3	—	—	5	16	—
Chemnitz	356	2,9	+ 0,2	18,5	28.	—13,8	4.	*76*	8,0	58,5	*113*	13,0	11. + 6.	22	13	5	—	15	4	—	5	3	18	—
Sonneberg	636	1,1	×	15,3	28.	— 9,8	3.+4.	*86*	8,2	146,4	×	18,8	23.	24	18	5	—	18	16	—	1	8	19	—
Inselsberg	917	— 0,9	+ 0,1	11,8	29.	—11,0	8.	*90*	8,5	129,5	*144*	18,7	23.	25	18	6.	-	19	24	1	13	9	22	-
Fichtelberg	1214	— 2,4	— 0,1	10,9	28.	—12,6	3.	*91*	8,2	111,6	*125*	15,7	6.	23	20	8	-	19	24	1	17	9	25	-

Witterungsbericht der sowjetischen Okkupationszone Deutschlands

Bearbeitet im Meteorologischen Zentralobservatorium Potsdam

April 1947

Der April wies durchweg übernormale Temperaturen auf, seine Niederschlagsmengen lagen im Norden und im Mittelteil der Zone vielfach über dem Regelwert, im Süden meist darunter.

Die lebhafte Störungstätigkeit im ersten Monatsdrittel, welche sich sowohl über den Atlantik als auch über den Großteil des Kontinents erstreckte, ließ nur kurzzeitig Zwischenhochlagen mit heiterem Wetter wirksam werden, so daß in dieser Zeit vorwiegend trübe und regnerische Witterung vorherrschte. Am 10. hatte sich über Mitteleuropa ein Hochdruckgebiet aufgebaut und brachte fast der gesamten Zone überwiegend heiteres und niederschlagsfreies Frühlingswetter. Die Störungen dieses Zeitabschnitts überquerten vor allem den Fenno-skandinavischen Raum. Sie streiften nur den küstennahen Teil der Zone in stark abgeschwächtem Zustand und führten dort vorübergehend zum Durchzug stärkerer Bewölkung und leichteren Niederschlägen. Am 20. kam die Periode des anhaltenden Hochdruckwetters zum Abschluß. In einer oftmals sehr kräftigen Südwest- bis Weströmung bahnten sich Störungen den Weg vom Ostatlantik nach Mitteleuropa, drangen in immer stärkerem Maße ostwärts vor und führten jedesmal zu stark wolkigem Wetter und oftmals zu Niederschlägen, welche im Norden der Zone stärker als im Süden fielen. Diese Witterung hielt bis über das Monatsende hinaus an. Sie erhielt ein besonders wechselvolles Gepräge durch kurzfristige Aufheiterung in Zwischenhochlagen (25. und 27.) und sturmartiges Auffrischen des Windes beim Durchzug der Störungsfronten.

Temperatur

1.–9. trübe, zeitweise etwas Niederschlag, zyklonaler Einfluß

10.–19. heitertrockene Hochdrucklage

20.–30. Durchzug von Störungen, stark wechselhafte Witterung

Die in diesem Jahr erstmalig auftretenden relativ hohen Monatsmittel der Temperatur sind nicht der Zufuhr milder Luftmassen zu verdanken, sondern der ungewöhnlich langanhaltenden Sonneneinstrahlung dieses Monats. Die Mittel erreichten im küstennahen Gebiet den Wert von 7,0 bis 8,5, im Bereich des norddeutschen Flachlandes um 9, in den tiefen und mittleren Lagen der übrigen Zone 9,5 bis 10,5 Grad. Die Abweichungen vom Normalwert betrugen im Norden der Zone um + 1,5, sonst meist zwischen + 2 und + 3 Grad. Ebenfalls lagen sowohl die Monatshöchstwerte, die sich diesmal in den Grenzen zwischen 19 Grad an der Küste und 27 Grad im Thüringer Becken bewegten, um 0 bis 6 Grad, als auch die Monatstiefstwerte, welche —4 bis 1 Grad erreichten, um 0 bis 3 Grad über den entsprechenden Regelwerten. Das Maximum wurde im Norden vorwiegend am 22., sonst meist am 17., das Minimum an der Küste am 3., sonst in den Nächten zwischen dem 10. und 12. gemessen. Bis zur Höhe von 1000 m wurden keine Eistage mehr gezählt. Auch die Zahl der Frosttage, die lokal beeinflußt zwischen 0 (Mitteldeutsches Becken) und 11 (Harzgebiet) bzw. 15 (Erzgebirgskamm) schwankte, war um 1 bis 5 unternormal. In strahlungsbegünstigten Flußtälern Thüringens wurden bis zu drei Sommertage gezählt. Im allgemeinen war diese Zahl gleich Null und blieb damit unter dem Durchschnittswert.

Niederschlag

Während in weiten Gebieten der Zone, vor allem im östlichen Teil des Küstengebiets, im Großteil des norddeutschen Flachlandes und in den tieferen Lagen Mitteldeutschlands nur 25 bis 50 mm Niederschlag fielen,

Die Witterung im April 1947

Station	Seehöhe (m)	Lufttemperatur in C⁰: Mittel	Abweichung v. d. normalen	höchste	Datum	tiefste	Datum	Feuchtigkeit in %	Bewölkung 1–10	Niederschlag: Höhe mm	in % d. normalen	Maximum mm	Datum	Zahl der Tage: Niederschlag ≧ 0,1 mm	≧ 1,0 mm	Schnee	heitere	trübe	Nebel	Gewitter	Sturm	Eistage	Frosttage	Sommertage
Putbus	54	7,0	+1,4	19,5	22.	–0,8	3.	*75*	4,1	37,3	*93*	11,5	9.	13	11	—	9	4	2	—	—	—	4	—
Warnemünde	1	7,0	×	21,8	22.	–0,8	3.	*82*	6,8	44,2	*130*	10,2	9.	16	11	—	1	11	5	3	3	—	3	—
Schwerin	59	8,3	+1,4	19,2	22.	–0,7	3.	*80*	7,1	69,6	*158*	15,0	5.	16	13	—	1	14	2	4	1	—	4	—
Neustrelitz	64	8,2	+1,0	21,5	22.	–3,8	11.	*71*	6,6	38,1	*85*	7,2	9.	15	10	—	2	13	3	1	2	—	8	—
Kyritz	49	8,7	+1,2	22,1	17.	–1,7	11.	*72*	5,8	48,5	*128*	9,0	29.	16	13	—	4	6	5	1	—	—	6	—
Berlin-Dahlem	55	9,9	+2,0	22,4	17. + 22.	–0,9	11.	*70*	5,5	38,0	*90*	11,2	29.	13	9	—	5	9	2	1	3	—	1	—
Frankfurt a. O.	59	10,0	+2,2	23,5	21.	–0,4	10.	*65*	6,1	46,7	*133*	15,4	9.	12	8	—	1	9	—	3	1	—	1	—
Magdeburg	79	9,7	+1,4	22,8	17.	–0,0	12.	*70*	5,4	25,8	*72*	5,3	9.	14	9	—	4	6	1	1	6	—	—	—
Jüterbog	65	10,0	+2,2	24,5	17.	–1,2	27.	*67*	5,9	37,8	*108*	10,7	9.	16	11	—	4	10	3	3	—	—	4	—
Cottbus	74	9,9	+1,6	24,4	26.	–2,3	12.	*67*	5,7	32,1	*82*	4,8	9.	13	11	—	3	3	—	2	—	—	5	—
Halle-Passend.	78	10,3	+1,8	24,2	17.	–0,5	12.	*69*	5,6	34,2	*101*	9,4	20.	15	8	—	5	8	3	3	5	—	2	—
Görlitz	238	9,5	+2,0	23,0	17.	–2,0	12.	*69*	5,7	34,8	*66*	14,4	29.	13	8	—	2	5	—	4	3	—	3	—
Dresden-Wahnsd.	246	10,0	+2,5	24,0	26.	–0,2	10.	*67*	5,9	29,4	*63*	9,0	2.	12	8	—	2	4	2	2	—	—	1	—
Erfurt-West	254	10,2	+3,0	23,7	17.	–2,2	11.	*65*	6,2	27,6	*69*	9,3	7.	10	8	—	2	6	—	1	—	—	3	—
Chemnitz	356	9,4	+2,6	23,1	26.	–1,9	10.	*68*	6,5	25,3	*36*	5,9	9.	13	8	—	2	10	1	3	4	—	3	—
Sonneberg	636	7,9	×	21,2	17.	–2,8	10.	*72*	5,8	77,2	×	25,0	7.	13	12	—	5	7	10	3	16	—	6	—
Inselberg	917	5,5	+2,6	18,4	17.	–5,2	10.	*77*	7,0	84,5	*89*	26,5	7.	14	12	—	3	13	16	2	14	—	6	—
Fichtelberg	1214	3,7	+2,3	16,9	17.	–7,3	10.	*80*	6,4	56,2	*62*	13,6	7.	16	11	4	3	13	18	2	12	2	15	—

wiesen vor allem der NW-Teil der Zone infolge der dort stärkeren Auswirkung der Störungen, die Höhenlagen der Rhön und des Thüringer Waldes sowie der Erzgebirgskamm 60 bis 90, der Hochharz sogar bis zu 130 mm auf. Verglichen mit den 40jährigen Mittelwerten fielen im Norden der Zone 90 bis 150, sonst meist 60 bis 90 %. Die Tage mit Niederschlag verteilten sich fast ausschließlich auf die erste und dritte Monatsdekade. Der meßbare Niederschlag fiel im Norden an 13 bis 16 Tagen, also relativ häufig. Die Zahl der Niederschlagstage nahm aber im allgemeinen weiter nach Süden bis auf 10 ab.

Die größten Regenmengen fielen im Norden der Zone vorwiegend am 7. und 9., im übrigen Gebiet meist am 9. und 29.

Bewölkung

Durch die langanhaltende heitere Witterung in der zweiten Aprildekade blieb der Bewölkungsbetrag im überwiegenden Teil der Zone um wenige Hundertstel, im westlichen mitteldeutschen Flachland, im Harz und im Erzgebirgsbereich sogar um ein Zehntel unternormal. Ungünstigere Bewölkungsverhältnisse herrschten in der mecklenburgischen Seenplatte vor. Die Zahl der heiteren Tage schwankte uneinheitlich sowohl nach der positiven als auch nach der negativen Seite um den Mittelwert, die Zahl der trüben Tage war vorwiegend unternormal. Eine eindeutige Ausnahmestellung nahm auch hier wieder die mecklenburgische Seenplatte ein, wo die Zahl der heiteren Tage um 2 bis 4 zu tief und die Zahl der trüben Tage um 4 bis 5 zu hoch lag.

Sonnenschein

Die Sonnenscheindauer wies mit 180 bis 230 Stunden und 40 bis 55 % der täglichen Dauer sehr hohe Beträge auf. Der verstärkte Störungseinfluß im NW-Teil der Zone ließ es im Bereich der mecklenburgischen Seenplatte auch hinsichtlich des Sonnenscheins nur zu einer Summe von etwa 180 Stunden kommen.

Die Sonnenscheindauer im April 1947

Station	in Stunden	in vH. der mögl. Dauer	Abweichung in Std v. d. normalen
Boltenhagen	181,0	*43*	–
Wittenberge	205,6	*49*	–
Angermünde	–	–	–
Wall	224,8	*54*	–
Potsdam	211,8	*51*	– 52,8
Schierke	197,1	*48*	–
Quedlinburg	220,6	*53*	– 79,6
Halle	216,9	*49*	– 51,9
Dresden-Wahnsdorf	201,7	*48*	– 69,7
Erfurt/West	203,6	*48*	– 56,6
Sonneberg	196,2	*48*	–
Fichtelberg	190,9	*46*	– 91,9

Polarlichter am 18. und 29. September 1946

Beobachtungsort: Schneekoppe, h = 1605 m NN.

Um $19^{1/2h}$ bemerkte ich am NNE-Horizont eine starke Aufhellung, die langsam stärker wurde. Gegen 20^h10^m konnte in NWzN ein weiterer Strahlungspunkt festgestellt werden. Von ausgesprochener Strahlenbildung konnte nichts gesehen werden. Erst um 21^h40^m setzte in NNEzE schmalstrahliges Leuchten ein, dem der andere Herd in NW um 22^h0^m folgte. Innerhalb zehn Minuten entwickelte sich dieses Polarlicht zu einem „grandiosen Phänomen", wie es in meinem privaten Tagebuch heißt. Die Strahlen waren außerordentlich fein, fast linienförmig, und nur in einzelnen Teilen erschienen sie gebündelt. Vor allem aus diesen Bündelungen schossen sehr schnell einzelne Strahlen bis fast zum Scheitelpunkt empor. Bemerkenswert war ein selbst der interessiert mitbeobachtenden polnischen Besatzungswache auffallender Wellenvorgang innerhalb der leuchtenden Materie: Leuchtete z. B. der linke Teil des NNE-Sektors stark auf, war $^{1/2°}$ rechts davon fast kein Leuchten festzustellen. Nach ungefähr einer halben Minute leuchtete dieser rechts benachbarte Teil auf, während die Strahlen des links davon befindlichen gewissermaßen in sich zusammenfielen und an Leuchtkraft bis auf ein kaum erkennbares Minimum nachließen. So setzte sich dieser Vorgang fort bis zum Durchlaufen des ganzen leuchtenden Teiles. Es war ein dauerndes Hochschießen der Strahlen und Zusammenfallen, „Zurückkriechen". Der aktivere Teil war der NNE-Sektor, während der NW-Herd seine Strahlen nicht so weit hinaufschickte. Die von links nach rechts gerichtete, nach Durchlaufen wieder von vorn beginnende Wellenbildung war auch hier deutlich zu beobachten. — Die Färbung des Polarlichtes war grünlich-bläulich. — Um 22^h15^m hatte die Leuchtkraft scheinbar ihr Maximum überschritten. — Leider konnte die Erscheinung nicht bis zum Ende beobachtet werden, da bei starkem Barometerfall um 22^h15^m dicker Nebel bei starkem Sturm aufkam.

Bei der um 2^h15^m anzustellenden synoptischen Beobachtung wurde am 29. 9. 1946 ein mäßig starkes Nordlicht festgestellt, das von N bis fast nach NEzE reichte. Es glich einem Leuchtschirm, der nach oben hin, vor allem an der linken Begrenzung, bänderartige Strahlen aussandte. Die Erscheinung war gut ausgeprägt und hatte das Maximum der Leuchtintensität gegen 2^h50^m, wo die Strahlen bis h = 40° heraufreichten. Von dieser Zeit an wurde das Leuchten sehr rasch schwächer, und um 3^h konnte nichts mehr bemerkt werden. — Die Färbung war rötlich-gelblich, auf das Ende zu ausgesprochen orange. — Zeiten alle in MEZ.

Alle Angaben mußten an Hand des Privattagebuches gemacht werden, da sämtliche ausführlichen Beobachtungsunterlagen verlorengingen.

Beobachter: Kurt Glaß und E. Neumann.

Anschrift des Verfassers: K. Glaß, (10 b) Leipzig S 3, Pfefflingerstr. 27.

Höhenwindmessungen Lindenberg

Juli 1946

Datum	Zeit	122 m üb. NN		200 m üb. Gr.		500 m		800 m		1000 m		1500 m		2000 m		2500 m		3000 m		3500 m		4000 m		4500 m		5000 m		6000 m		7000 m		8000 m		9000 m		10000 m		11000 m		12000 m		13000 m		14000 m		Bewölkung
		DD	v	DD	v	DD	v	DD	v	DD	v	DD	v	DD	v	DD	v	DD	v	DD	v	DD	v	DD	v	DD	v	DD	v	DD	v	DD	v	DD	v	DD	v	DD	v	DD	v	DD	v	DD	v	
1.	04.57		C	259	1	292	7	294	11	298	12	285	12	289	15	271	14	275	11	275	17	280	19	280	16																					Ac-lent, Ci 5/10
	12.35	290	5	301	6	311	8	292	9	253	10	269	10	274	12	294	12																													Cu, Ci, 5/10
2.	05.40	70	5	101	6	270	1	303	3	300	6	298	10																																	Sc, 9/10
	12.05	310	1	C		298	1	267	2	270	2	278	9	284	8	291	9	290	12																											Cu, Ac, Ci, 7 10
3.	04.53	6	3	129	9	158	4	184	3	174	2	283	5	282	6	318	8	321	7	318	7	306	7	304	11	312	10	310	12	309	12	308	14	324	12											Sc, 1/10
	13.00	110	3	103	3	136	4	166	4	166	3	230	4	257	6	288	7																													Cu, Ci, 8/10
4.	05.00	110	3	152	6	147	5	137	2	100	2	20	1	227	2	283	3	298	3	316	3	358	4	330	3	337	3																			Ci 3/10
	12.15	160	3	142	4	160	5	160	5	151	4	157	3	325	2	191	1	336	2	305	3	23	4	10	5	30	4	355	5																	Cu, 1/10
5.	04.57	110	4	135	7	148	6	154	6	154	5	159	6	155	6	142	5	108	5	98	4	101	6	134	7	145	8	171	9																	wolkenlos
	12.19	130	3	161	5	164	5	163	5	164	6	178	8	186	8	186	2	196	2	300	4	330	4	311	3	235	6																			Cu, Ci, 2/10
	13.10	120	3	149	5	157	5	164	4	191	2	195	5	191	2	267	2	288	4	303	3	290	4	250	5	223	6	217	7	210	9	210	7	206	12	207	12	215	10	241	10	230	12			Cu, 3/10
6.	05.21	290	4	328	7	342	11	325	12	318	11	317	9																																	Sc, 10/10
	12.27	310	2	301	9	301	8	295	5	307	9	304	9																																	Fc, Sc, As, 10/10
7.	05.25	340	3	354	7	18	5	15	3	352	2	327	5	327	7	339	3	352	2	250	7	227	11	223	11	186	12	191	9																	Ac, Cs, 9/10
	12.08	250	3	230	6	344	3	344	4	347	4	358	3	4	2	12	2	130	3																											Fc. Sc, As. 10/10
8.	05.30	340	4	30	5	28	10	31	10	35	7	17	5	18	5	34	6																													Sc, Ac 9/10
	12.07	340	3	24	4	25	6	20	7	18	8	49	8	58	8	51	7																													Cu, Sc, Ac, Ci, 9/10
9.	05.18	260	2	4	7	22	5	10	5	15	5	8	6	7	7	27	17	36	16	22	13	18	13	17	14	19	15	16	12	7	13	360	10	8	5	353	8	335	7							Ci, 1/10
	12.20	310	5	310	5	319	7	324	7	329	7	18	8	17	9	3	13	1	12	3	16	358	15	7	14	7	16																			Cu, Ci, 3/10
10.	05.12	290	4	315	9	334	14	334	14	330	16	340	15	340	14	338	16	346	15	339	18	344	18	344	16	339	18	336	18	328	16	318	16													Fs, 1/10
	12.07	290	8	312	9	307	17	310	15	311	17	314	15	315	12	324	17	314	20																											Cu, 2/10
11.	05.30	280	4	298	8	331	15	334	14	326	13	332	11	335	13	336	18																													Fs, Sc, Ac, 7/10
	12.23	310	7	330	6	331	9	305	11	313	10	342	13	345	14	348	14	347	16	342	22	334	18																							Cu, Sc, Ci, 8/10
12.	05.15	260	4	308	6	329	13	329	13	329	12	329	13	325	13	337	11																													Sc Ac, 3/10
	05.52	260	4	313	6	330	11	324	13	324	13	324	14	332	14	338	10	343	11	345	9	340	10	345	12	348	16																			Sc, Ac, 3/10
	12.08	290	4	329	7	296	4	300	4	327	5	340	6	357	6	4	8	359	8																											Cu, 6/10
13.	05.15	340	3	2	5	15	9	12	8	2	6	352	8	2	9																															Sc, Ac, 8/10
	12.25	340	4	5	7	350	4	339	5	345	5																																			Cu, Sc, Ac, 9/10
14.	05.13	270	2	355	4	320	4	343	4	339	6	28	4	48	5	97	6	110	5	98	5	97	5	88	4	75	3	100	6	100	4	100	2	122	3	127	3	55	2	80	2					Sc, Ac, 2/10
	12-10	20	1	140	2	109	2	98	2	113	2	150	2	—	—	—	—	152	4	156	3	155	3	164	2	196	4	160	4	180	3															Cu, Sc, 7/10
15.	05 15	180	3	233	6	230	7	234	9	220	8	197	7	193	7																															Sc, Ac, 3/10
	05 31	250	3	260	6	251	7	233	7	224	7	184	7	182	7																															Sc 5/10
16.	05.38	220	3	237	7	277	9	263	9	261	10	265	13	270	11	248	9	242	8	246	6	174	2	249	3	263	8	250	10																	Ci, 1/10
	12.18	230	3	250	6	236	4	219	5	228	6	235	6	239	8																															Cu, Sc Cs, Ci, 7/10
17.	05.14	140	3	208	6	228	6	220	7	230	7	230	9	249	14																															Sc, Ac, As, Ci, > 9/10
	12.14	160	4	205	7	203	6	208	6	212	7	226	11	219	11	226	14	234	13																											Cu, Ac, Ci, 8/10
18.	05.24	220	1	242	3	244	5	221	7	244	8	218	8	216	12	212	11	222	10	218	10	211	10																							Sc, As, Ac, Ci, 9/10
	12.09	180	3	207	4	199	6	208	7	212	6	228	8	239	12	224	12																													Cu, Ac, 8/10
19.	05.14	250	3	271	6	284	5	260	7	240	10	246	10	248	11	216	13																													Sc, Ac, Ci, 7/10
	12.11	180	3	233	4	271	2	289	3	262	4	235	5	239	9																															Cu, As, Ac, Cs, Ci, > 9/10
20.	05.05	250	2	274	9	285	9	292	9	292	8	263	8	244	10	244	9	220	9	231	9	236	9	235	8	241	9	229	11	233	12	241	12	249	13											Sc, 1/10
	11.56	170	3	269	3	259	5	252	6	249	6	231	7	221	6	221	6	238	8																											Cu, Sc, 7/10
21.	05 26	180	2	220	3	265	4	264	5	231	5	205	8	213	9	222	9																													Sc, As, Ac, Ci. 9/10
	12.10	220	4	239	4	261	5	273	6	275	5	275	6	270	6	258	6																													Cb, Cu, Sc, 9/10
22.	05.17	270	3	308	6	301	10	291	9	280	9	276	11	273	7	266	7	278	8	273	8	263	9	277	10	272	14	283	14																	Ci. 1/10
	12.23	270	3	267	4	257	7	254	6	262	6	254	5																																	Cu, Sc. As, 10/10
23.	05.21	225	2	284	5	283	7	283	9																																					St, 10/10
	12.42	270	4	267	4	277	6	292	6	301	8																																			Fs, Sc, > 9/10
24.	05.25	200	1	340	1	250	1	270	2	284	4	205	7	210	4	310	6	328	9	338	12	328	11	328	12	341	14	319	14	319	12															Ac, 2/10
	12.23	180	3	172	1	164	2	165	6	232	4	235	6	229	5																															Cu 3/10
25.	05.45	160	4	224	9	220	7	224	5	209	5	207	5	226	7	243	9	210	10	210	16	223	14	232	12	226	14	221	10																	wolkenlos
	12.35	210	4	220	4	217	6	217	5	222	4	237	6	241	6	210	6	209	6	229	13	218	14	217	16	216	18																			Cu, 4/10
26.	05.19	290	3	322	6	328	5	315	4	310	3	252	7	241	6	216	8	215	7	237	10	238	13	225	16	246	12	248	10	278	12	260	10													Ac, 1/10
	12.46	360	2	80	1	84	2	67	2	54	2	195	5	228	5	215	7	219	8	225	8	236	5	257	8	256	10	248	10																	Cu, 5/10
27.	05.05	110	4	160	10	197	6	195	14	217	8	190	6	185	5	219	8	138	5	117	5	220	7	225	11	220	11	240	8	220	12	226	13													wolkenlos
	12.18	160	4	192	1	225	1	232	2	228	5	237	5	190	3	244	6	241	7	247	8	224	5	223	7	237	8	228	14	223	11															Ac 1/10
28.	06.30	360	2	18	5	21	6	198	6	300	5																																			Sc, Ac, As, 8/10
	12.18	290	1	11	1	36	2	41	2	53	3																																			Cu, Ns, As, 10/10
29.	05.38	250	2	285	6	305	8	299	8	298	9	281	9	286	8																															Fs, Ac, Ci, 4/10
	12.36	130	3	229	6	238	8	235	10	234	10	248	10																																	Cb. Sc, Ac, > 9/10
30.	05 26	200	4	264	8	272	15	274	15	279	16	274	18																																	Sc, As, Ac 9/10
	12.40	250	5	291	8	291	12	291	13	294	12	290	18																																	As, Ac, Ci, 7/10
31.	05.15	180	4	242	8	270	16	275	16	280	14																																			Sc, Ac, 10/10
	12.05	270	5	278	10	285	14	275	10	276	13	261	11	265	15	276	16																													Cu, Sc, 6/10

Höhenwindmessungen Lindenberg

August 1946

Datum	Zeit	122 m üb. NN		200 m üb. Gr.		500 m		800 m		1000 m		1500 m		2000 m		2500 m		3000 m		3500 m		4000 m		4500 m		5000 m		6000 m		7000 m		8000 m		9000 m		10000 m		11000 m		12000 m		13000 m		14000 m		Bewölkung
		DD	v	DD	v	DD	v	DD	v	DD	v	DD	v	DD	v	DD	v	DD	v	DD	v	DD	v	DD	v	DD	v	DD	v	DD	v	DD	v	DD	v	DD	v	DD	v	DD	v	DD	v	DD	v	
1.	05.18	220	3	282	8	292	11	285	14	281	13	282	15	285	17	276	18																													Sc, > 9/10
	12.12	290	7	305	9	280	9	285	11	286	12	287	14	286	10																															Cb, Cu, 6/10
	13.17	270	6	289	6	293	11	291	13	296	13	289	14	295	14	292	14	286	15	292	17																									Cu, 4/10
2.	05.02	230	3	282	8	300	14	297	14	300	15	303	16	309	17	312	14	316	16	321	18	321	14																							Fs, Sc, Ac. 2/10
	12.28	270	3	303	7	287	8	286	7	263	7	294	11																																	Cu, Ci, 6/10
3.	05.27	200	4	262	8																																									St, Fs, 10/10
	12.16	270	4	291	6	296	8	296	10	298	12	291	17	287	16	295	17																													Cu, Ac, Cs, Ci, 9/10
4.	05.33	250	3	295	7	304	7																																							Fs, Sc, 9/10
	12.06	290	4	314	5	304	7	296	9	298	11	293	12	312	10	303	14	303	12																											Cu, Ci, 4/10
5.	05.15	180	2	211	4	238	2	233	2	285	2	315	5	313	9	310	12	305	14	304	16	308	18	298	18	308	17	306	20																	Ac, Ci, 6/10
	12.10	160	2	192	1	170	2	204	4	230	4	314	5	302	7	320	11	321	13	311	13	307	16	312	16	303	14	310	18																	wolkenlos
6.	05.05	90	4	188	6	244	9	249	10	257	11	253	12	252	6	250	5	253	5																											Cb, Sc, A-, Ac, Ci. > 9/10
	12.24	200	5	280	1	295	3	299	3	302	5	286	5	302	6	281	6	249	10	258	10	260	8	273	12	267	10	266	11																	Cu, Ci, 7/10
7.	05.26	250	3	286	5	303	8																																							Fs, 10/10
	12.17	250	3	240	1	258	2	258	3	249	5	291	8	298	9																															Cu, Sc Ac, 7/10
8.	05.15	220	2	225	3	275	5	255	7	268	8	271	10	273	9																															Sc, Ac, 9/10
	12.10	220	3	286	2	252	3	237	4	237	4																																			Cu, Sc, 9/10
9.	05.19	160	3	225	9	234	10	236	11	240	11	253	14																																	Sc, Ac, 9/10
	12.38	250	5	277	6	263	8	251	8	249	9	251	13																																	Cu, Cs, Ci, 7/10
10.	05.06	130	3	165	5	184	4	203	5	201	5	211	10	238	8	239	13	248	12	258	10	258	12																							Ac Ci. 3/10
	05 44	130	3	160	4	187	4	189	6	192	7	222	8	244	11	246	12	256	11	256	10	252	11	260	11	264	16	267	16	264	15	271	19													Ci, 3/10
	12.40	130	4	143	6	149	6	169	8	172	8	202	14	231	12	236	12	242	12	248	14	251	11	252	16	243	16	245	18																	Cu, Ci, 7/10
11.	05.18	250	5	283	10	291	15	288	14	274	19	263	12																																	Cu, As, Ac, > 9/10
	12.11	290	2	300	2	298	3	274	8	300	8	273	8	263	11	262	10																													Sc, As, Ac, 10/10
12.	05.12	90	3	127	7	126	9	116	6	109	3	328	2	303	5	261	9	256	10	266	9	258	8	263	9	258	10	273	11	272	13	277	16													Sc, Ac. 2/10
	12.20	138	4	125	7	169	4	163	5	199	4	215	6	234	10	248	10																													Sc, 9/10
13.	05.19	160	4	198	12	218	12	223	11	221	12	221	12																																	Sc, As, Ac, 9/10
14.	05.21	220	6	253	7	279	11	283	14	291	15																																			Sc, 9/10
	12.19	250	5	278	6	246	5	251	7	246	5																																			Cu, Ci. 9/10
15.	05.13	335	2	351	6	323	5	333	3	212	1	258	9	260	9																															Sc, Ac, Ci, 9/10
	05.33	330	2	336	5	315	4	305	3	300	2	255	9	258	9	260	9	229	14	231	16	222	17																							Sc Ac, As, Ci 9/10
	12.30	180	2	216	2	201	2	215	4	219	5																																			Cu, Ac, 8/10
16.	05.07	200	2	256	5	260	6	259	5	258	5	243	9	237	10	252	11																													Sc, Ac, 8/10
	12.17	250	4	258	1	273	5	274	8	274	7	277	8	271	10	270	10																													Sc, Ac, 9/10
17.	05.46	70	4	112	8	127	6	157	4	170	4	156	4	209	9																															Ns, Fs, 10/10
	15.29	310	2	277	2	246	6	234	8	254	10	234	14	255	16	249	12	242	11	246	19	249	18	245	22	244	19																			Fs, 1/10
18.	05.07	160	2	237	4	250	3	240	3	218	6	223	12																																	Sc, Ac, Ci, 9/10
	12.20	200	2	216	4	191	2	187	2	218	3	235	6	235	8	231	16	225	18																											Ns, Fs, 10/10
19.	05.25	110	2	12	2	219	1	242	2	232	3	240	4	252	9	239	11																													Ac, 9/10
	12.07	6	2	128	2	113	3	130	2	142	2	200	4	228	4	208	7																													As, Ac, 10/10
20.	12.04	270	3	280	4	281	5	284	6	285	5																																			Cu, Sc, 9/10
21.	05.05	110	3	146	7	155	4	301	3	193	5	195	5																																	Sc. Ac, Ci, 9/10
	12.36	200	5	203	6	206	5	210	5	215	5	214	5	209	5	208	5	208	5																											Fc, As, Ac, 10/10.
22.	05.15	250	3	263	6																																									Fc, Sc. > 9/10
	12.17	220	4	242	5																																									Fs, 10/10
	13.10	220	4	251	6	262	6	248	6	263	4	267	3																																	Fs, Cu, Sc, 8/10
23	10.45	340	4	305	4	325	7																																							Cu, 8/10
	13.25	290	3	285	3	334	4	344	5	333	6	334	6	336	8	339	6	343	7	345	6	354	5	349	4	341	2	250	3																	Cu, Ac, Ci, 7/10
24.	05.16	340	3	18	5	25	4	8	4	8	5	359	7	359	6	25	3	10	6	50	5	47	5	79	4	105	3																			Fs, Ac, As, 10/10.
	12.42	20	4	20	5	20	6	20	5	26	4	29	5																																	Cu, Sc, Ac, 8/10
25.	05.21	2	4	2	5	3	10	2	9	358	9	3	8																																	Sc, Ac, As, 10/10
26.	13.54	260	5	268	10	273	16	272	18																																					Fs, Sc, 9/10
27.	05.19	250	6	261	11	268	16																																							Fs, Sc 10/10
	12.06	260	7	271	7	268	13																																							Sc, 10/10
28.	05.25	270	3	292	8																																									St, 10/10
	07.05	290	4	299	8	317	11	322	11	315	11	316	13																																	Sc, Ac, > 9/10
	09.35	270	3	286	4	323	8	323	9	321	8	318	10	288	6	304	3	338	2	290	6	300	6	307	6	307	5	326	5	316	6	301	7	305	10											Fc, Cu Ac, 4/10
	12.35	270	3	277	5	275	4	315	4	310	3	313	5	300	5	257	4	222	4	268	5	280	9	278	9	302	7	293	6	302	9	298	9	296	9	310	16	332	35	331	22	300	12			Cu, 2/10
29.	05.14	100	4	182	6	171	6	166	6	189	6	240	4	260	8	284	9	278	10	265	9	266	8	258	8	238	11	250	6	279	8	278	14	256	16											Sc, Ci, 5/10
	12.10	180	3	179	4	220	6	221	8	217	7	222	13	222	14																															Sc, Ac, C-, 9/10
	13.30	225	4	250	4	232	6	220	6	220	8	222	12	236	15	240	15	227	13	228	14																									Ac, Cs, Ci. 9/10
30.	05.08	270	3	300	5	272	3	220	5	233	4	180	10	187	14																															Sc, Ac, Ci. 9/10.
	12.18	290	3	308	4	303	2	255	2	190	4																																			Fs, Ns, 10/10
31.	12.50	290	2	288	3	304	4	294	6																																					Fs, Sc 10/10

Höhenwindmessungen Lindenberg

September 1946

Datum	Zeit	122 m üb. NN. DD	v	200 m üb. Gr. DD	v	500 m DD	v	800 m DD	v	1000 m DD	v	1500 m DD	v	2000 m DD	v	2500 m DD	v
1.	05.38	270	3	294	8	305	11	305	10	304	11						
	12.10	270	3	274	3	270	5	267	5	273	5	256	5	269	3	273	4
2.	05.57	150	4	167	10	224	11										
	12.18	250	4	265	5	264	11	264	13	269	15	273	19	275	11		
3.	05.15	200	3	257	8	248	7	240	7	238	8	241	9	242	9	262	7
	05.37	200	3	245	8	244	7	233	7	241	7	242	9	246	11	271	8
	12.27	200	4	210	5	220	5	217	4	221	6	243	8				
4.	05.31	110	5	150	6	188	3	188	3	197	3	245	8	251	9	239	11
	12.16	180	5	159	6	191	4	231	8	238	9	245	13	241	13	244	18
5.	05.20	200	2	228	5	288	6	25[illegible]	6	264	7	256	10	269	11	259	15
	12.09	140	3	151	4	167	7	162	7	171	6	214	14	218	16	208	11
6.	05.34	200	2	245	5	271	9	269	12	261	11	254	12	246	13		
	12.25	250	4	253	5	249	5	246	6	262	16	259	10	250	16	231	17
7.	05.46	190	6	211	8	245	14	246	11	245	12	244	12				
	12.21	250	7	264	9	259	11	267	13	265	16	263	14	264	12	263	13
8.	05.29	180	2	247	5	230	5	259	3	250	6	256	10	268	9	267	10
	12.15	180	4	203	4	185	4	195	5	201	7	255	4	273	6	235	9
9.	05.44	190	3	241	8	252	10	259	11	257	11	244	16	236	16	205	17
	12.57	220	5	241	8	242	7	249	8	256	10	247	11	244	11	236	13
10.	12.26	270	6	269	7	270	9	271	9	273	9	288	10				
11.	05.24	200	3	250	6	250	8	238	8	238	8	256	9	266	8	253	9
	13.02	200	5	205	6	231	7	238	7	236	11	233	11	222	12	250	9
12.	05.48	225	4	261	8	285	16	287	17	286	17	286	17	284	15	295	13
	12.47	270	5	280	7	280	11	280	11	291	11	293	11				
13.	05.40	290	4	295	7	289	8	285	9	284	8	303	9	301	11	315	8
	12.46	200	2	236	2	247	3	257	3	245	5	233	6	245	4	257	5
14.	05.41	220	3	280	8	284	9	310	5	215	11	232	10				
	12.25	290	5	284	4	289	9	296	10	299	11	297	8	295	8	296	10
15.	05.40	180	6	220	10	234	12	233	13	239	12	262	11	273	11	290	16
	12.22	220	6	236	8	269	15										
16.	05.52	220	2	271	5	237	6	273	7	259	8	266	10	268	12	272	9
	12.14	200	3	194	5	203	3	247	6	266	5	251	8	253	8	268	10
17.	05.40	150	2	235	2	230	3	224	3	226	4	231	3	231	2	275	9
	12.12	150	3	153	6	153	6	168	3	243	8	235	9	266	9	255	11
18.	05.51	270	3	282	7	298	16	298	12	287	9	248	14	250	15	259	16
19.	12.12	270	3	247	9	258	6	265	5	260	5						
	06.26	200	7	219	10	248	16	254	17	257	19						
20.	05.49	200	4	231	8	265	13	273	14	276	16	268	16	268	18		
	14.15	200	6	221	7	243	15	254	19	259	14						
21.	05.05	200	4	212	10	226	16	231	17	240	19						
22.	05.30	250	3	273	8	293	14	290	14	291	12	298	12	300	15	307	13
	13.00	260	4	253	4	261	7	265	8	274	9	273	10	304	9	313	14
23.	06.10	200	3	240	7	252	9	238	9	240	11	260	12	266	13	276	12
	12.58	200	6	215	6	265	12	265	15	266	15	264	14	258	16	259	14
24.	12.22	260	4	268	7	268	12	268	12	268	13						
25.	06.08	200	2	249	4	242	5	259	7	261	8						
	12.47	250	3	232	5	238	5	240	6	288	9	275	9				
26.	06.28	270	2	304	3	30	3	16	4	360	6	284	8	281	6	285	5
	12.13	50	2	35	3	48	3	51	3	35	5	256	5	276	3	267	4
27.	06.04	70	4	99	8	134	6	145	6	160	2	261	3	319	1	156	3
	12.24	150	3	163	3	155	3	183	3	181	3	229	4	209	2	309	2
28.	05.49	80	6	131	10	115	8	103	4	74	2	22	5	24	6	22	5
	12.15	140	3	114	4	120	6	102	4	61	3	93	4	92	7	6	5
29.	06.00	100	3	163	6	173	2	182	3	179	3	149	1	8	3	357	2
	12.00	160	2	157	1	231	2	261	1	260	2	286	2	256	1	312	6
30.	12.10	20	4	56	5	57	5	42	2	22	2	32	6	330	6	338	9

Datum	Zeit	3000 m DD	v	3500 m DD	v	4000 m DD	v	4500 m DD	v	5000 m DD	v	6000 m DD	v	7000 m DD	v	8000 m DD	v	9000 m DD	v	10000 m DD	v	11000 m DD	v	12000 m DD	v	13000 m DD	v	14000 m DD	v	Bewölkung
1.	05.38																													Fs, Sc 9/10
	12.10	245	10	233	10	244	11	243	12	247	14	257	16																	Cu, 4/10
2.	05.57																													Fs, Sc, > 9/10
	12.18																													Cu, Sc, Ac, 7/10
3.	05.15																													Ac Ci, 7/10
	05.37	262	9	245	10	248	9	247	13																					Ac, Ci, 7/10
	12.27																													Cu, Cc, Cs, Ci, 8/10
4.	05.31	237	11	230	10	229	12	259	9	251	15																			Ac. Ci, 3/10
	12.16	250	10	245	14	246	16	246	16	245	12																			Cu, Ac, Ci. 6/10
5.	05.20	255	20	255	17	263	23	261	25	260	26	255	28	235	22															Ac, 1/10
	12.09	218	10																											Sc, Ac, Ci, 9/10
6.	05.34																													Sc, As, 9/10
	12.25	244	15	250	21	253	23	243	23																					Cu, Ci, 6/10
7.	05.46																													Sc, As, Ac, Cs, 10/10
	12.21																													Cu, 7/10
8.	05.29	259	12	270	15	266	18	262	14	274	16	270	21	266	24	264	30													Ci, 3/10
	12.15	250	9	248	12																									Cu, As, Cs, 9/10
9.	05.44	221	15	231	22	230	21																							As, Ac, Ci, 7/10
	12.57	230	12	227	13																									Cb, Cu, Sc, Ac, Ci, 7/10
10.	12.26																													Cu. Ac, 7/10
11.	05.24																													As, 10/10
	13.02																													Cu, As, Ac, 9/10
12.	05.48	291	15																											Cu, Sc, Ac, 2/10
	12.47																													Cu, Sc, 8/10
13.	05.40	308	4	316	5	316	5	313	10	316	8	317	12	304	12	295	13													Ci, 2/10
	12.46	277	7	298	6	289	6	279	8	266	8	233	6	270	7	273	10	280	9	277	13									Cu, 5/10
14.	05.41																													Sc, Ac, As, 10/10
	12.25	299	12																											Cu, Sc, Ci, 7/10
15.	05.40																													Sc. Ac, 9/10
	12.22																													Fs, St, 10/10
16.	05.52	266	12	261	12	275	16	277	16																					Ac, < 1/10
	12.14	268	10	270	11	276	13																							Cu, Ci, 5/10
17.	05.40	283	9	268	12	266	14	270	15	271	16	269	20	272	22															Ac, Ci, 3/10
	12.12	254	13	256	12	265	12	263	12																					Ac, Ci, 5/10
18.	05.51	255	16	255	24	254	24																							Sc, Ac, As, 9/10
19.	12.12																													Cu, Sc, Ci, 9/10
	06.26																													Fs, Cb, Cu, Sc, 5/10
20.	05.49																													Sc, Ac. 8/10
	14.15																													Sc, 9/10
21.	05.05																													Sc, As, 10/10
22.	05.30	314	14	311	14	310	20	324	20	313	22																			Fs, Ci. 2/10
	13.00																													Cu, Ci, 5/10
23.	06.10	271	11	289	12																									Sc, Ac, As, 9/10
	12.58	257	18																											Ac, Cs. Ci, 8/10
24.	12.22																													Sc, 10/10
25.	06.08																													St, 10/10
	12.47																													Cu, Ac, 5/10
26.	06.28	302	7	297	8	301	8	302	9	299	11	324	8																	Ci, 1/10
	12.13	298	3	292	4	303	5	296	6	319	3	305	6	297	6	285	4	279	8											Cu, 4/10
27.	06.04	125	1	258	2	308	3	343	5	319	9	319	7	297	7	308	9													Ci, 1/10
	12.24	355	2	333	6	339	6	346	7	324	7	297	9	302	11	284	8	288	9	288	13	285	10	292	8					wolkenlos
28.	05.49	5	10	1	9	356	8	1	8	335	7	314	11	317	13	320	14	307	22	303	18									Ac. 3/10
	12.15	360	6	9	5	350	7	339	8	345	7	359	11	19	10	6	14													Ac., 1 10
29.	06.00	339	4	357	6	353	5	347	5	340	5	331	7	326	9	301	9	308	10											wolkenlos
	12.00	345	4	308	5	310	5	315	6	308	2	309	12	304	13	310	12	307	13	309	15									wolkenlos
30.	12.10	342	11	328	10	318	8	304	11	335	11	329	9	324	9	319	9	315	10	320	9									Cu, Ac, 1/10

Personal-Nachrichten

Den 80. Geburtstag feiert am 14. Juli 1947 Prof. Dr. Wilhelm Meinardus, (20) Göttingen, Nicolausberger Weg 59.— Biographische Notizen u. a. in: Met. Zeitschr. **54**, 254, 1937. — Ann. Hydr. **70**, 202, 1942.

Den 70. Geburtstag feiert am 26. November 1947 Dr. Emil Kleinschmidt, (24a) Hamburg 20, Löhrsweg 9. — 1908—1914 Leiter der Drachenwarte auf dem Bodensee, 1919—1924 Leiter der Landeswetterwarte Stuttgart, 1936—1946 Chefmeteorologe der Deutschen Seewarte in Hamburg, seit 1946 im Ruhestand.

Den 70. Geburtstag feiert am 26. November 1947 Geheimrat Prof. Dr. August Schmauss, (13b) München, Schellingstr. 14.

Bibliographie

Arzt, Th.: Verdunstungsmessungen an Böden mit einem neuen Gerät. („Bodenkunde und Pflanzenernährung" **35**, 1944, Heft 1/4, S. 107—170.)

Barbier, D. et Chalonge, D.: Sur les coefficients d'absorption de l'ozone dans la région des bandes de Huggins. (Ann. de Phys. (11) **17**, 272, 1942.)

Barbier, D. et Chalonge, D.: Révision des coefficients d'absorption de l'ozone dans la région 3416—3130 Å (Journ. de Phys. Sér. VIII, **1**, 217, 1940). 8°.

Barbier, D. et Chalonge, D. et Vigroux, E.: Utilisation des éclipses de lune à l'étude de la haute atmosphère. C. R. 214, 983, 1942. — Etude spectrophotométrique de l'éclipse de lune des 2 et 3 mars 1942. (Ann. Astrophys. **5.**, 1., 1942.) 8°.

Bock, R.: Praxis der Magnetischen Messungen. Berlin. Gebr. Borntraeger. 1942. 8°. 138 S.

Bossolasco, Mario, Magnetismo terrestre. Parte seconda: Tabelle. Valori orari instantanei di D, H e Z dedotti dalle registrazioni (Secondo anno polare internaz. 1932—33. Partecipazione Italiana. Stazione Geofisica di Mogadiscio) [Milano 1944] 4°. 20 S.

Bruce, C. E. R. and **Golde, R. H.:** The lightning discharge. (Journ. Inst. Electr. Engrs. **88**, 487—520, 1941.) London 1941. 4°.

Chalmers, J. Allan: The effective separation of points discharging atmospheric electricity. (Phil. Mag. [7], **31**, 363—372, 1941.) London 1941. 8°.

Chapman, Sydney and **Bartels,** Julius: Geomagnetism. 2 Bände. 38 Tafeln — Vol. I: Geomagnetism and related phenomena. — Vol. II: The analysis and synthesis of geomagnetic data. Oxford at the Clarendon Press 1940. 8°. XXVIII, X, 1049, T. 77 S., 38 Tafeln.

Dätwyler, G.: Eine Apparatur zur Messung turbulenter Schwankungen in Strömungen. (Mitt. Inst. für Aerodyn. Techn. Hochschule Zürich, Nr. 8.) Zürich 1943. 4°. 9 S.

Dobson, G. M. B.: Atmospheric radiation and the temperature of the lower stratosphere. (Qu. J. R. Met. Soc. **68**, 202, 1942.)

Dobson, G. M. B. with **Brewer, A. W.** and **Cwilong, B. M.:** Meteorology of the lower stratosphere. (Proc. Roy. Soc. A. 185, S. 144.) London 1946.

Dosse, Joachim und **Mierdel, Georg:** Der elektrische Strom im Hochvakuum und in Gasen. Einführung in die physikal. Grundlagen. (Physik und Technik der Gegenwart., Abt. Fernmeldetechnik, herausgeg. von H. Fassbender, Bd. XII). 2. Auflage. Leipzig, S. Hirzel 1945. 8. XII, 358 S.

Dütsch, Hans-Ulrich: Photochemische Theorie des atmospärischen Ozons unter Berücksichtigung von Nichtgleichgewichtszutänden und Luftbewegungen. (Dissertation der Universität Zürich.) Zürich 1946.

Edgar, J. L. and **Paneth, F. A.:** The separation of ozone from other gases. (Journ. Chem. Soc. 1941, pg. 511.)

Eredia, F.: Distribuzione della temperatura dell'aria in Italia nel decennio 1926—1935. (Pubbl. No. 21 del Servizio Min. dei Lavori. Pubbl.) Roma 1942. 8°. 128 S., 1 Karte. — Preis Lire 20.—.

Götz, F. W. Paul: Der Stand des Ozonproblems (Frühjahr 1944). (Vierteljahresschr. Naturf. Ges. in Zürich. Jahrg. **89**, S. 250—264, 1944. Zürich 1944. 8°.

— Größe und Betrag der atmosphärischen Trübungsteilchen. (Verhandlungen der Schweizer Naturforschenden Gesellschaft, Sils 1944. S. 88—89.) 8°.

— Zur Klimaschwankung der letzten Jahrzehnte. (Verhandl. d. Schweizer. Naturforsch. Gesellschaft, Freiburg 1945. S. 130—131). 8°.

— Eine Trombe im Hochgebirge (Separatabdruck aus d. Jahresbericht der Naturforschenden Gesellschaft Graubündens 1944/45 und 1945/46. **69.** Band, S. 250—264), 8°.

— und **Ph. Casparis:** Photographie des ultravioletten Sonnenspektralendes (Zs. f. angew. Photogr. 4. 65, 1942.)

Götz, F. W. Paul und **Casparis, Ph.:** Erfahrungen mit dem Strahlungsschreiber Robitzsch. (Verhandl. Schweizer. Naturf. Gesellsch. Zürich 1946.) Zürich 1946. 8°. 1 Blatt.

Hechtel, R.: Zusammenhang zwischen dem Licht des Nachthimmels und der Ionosphäre. Hochfrequenztechnik **56**, 129, 1940.

Heilpern, W.: Die Absorption des Lichtes durch Sauerstoff bei der Wellenlänge λ = 2144 Å. E. in Abhängigkeit vom Druck. (Helv. Phys. Acta 14, 329, 1941.

Hoffmeister, J. und **Schnelle, F.:** Klima-Atlas von Niedersachsen. 43 Kartenblätter über Klima und Phänologie im Maßstab 1 : 800 000. Oldenburg i. O., Verlag G. Stalling. 1945. Fol. 3 Bl., 43 Karten.

Zeitschriftenschau

Bulletin de l'Acad des sci. l'URSS. Série géogr. et géophys. **17**, No. 6. 1946. N. A. Bagrov: The development of the windsurge in a closed sea. S. 516; V. B. Stockmann: Theory of the counterstreams in the oceans. S. 526—527; U. T. Boulashevich: Determination of the sources of the earth of the soil's air-ionization. S. 551; P. I. Koloskow: To the question of the origin of subsoil ice. S. 556 — **11**, No. 1, 1947. E. N. Blinowa: On the average yearly distribution of temp. in the earth's atm. with the account of continent and oceans. S. 14. — L. R. Rakipowa: On the possible influence of dust on the air's vertical movement and on the isotherms in the stratosphere. S. 20. — V. T. Afanasieva: The spherical harmonic analysis on the geomagnetic field for the epoch 1945. S. 60. — N. E. Maliniwa: The magnetic field of West Sibiria. S. 78. U. P. Boulashevich: Diffusion of emanation in the soil with account of convection. S. 96.

Comptes Rendus (Doklady) de l'acad. des sciences de l'URSS. Nouvelle série 1946 **52.** No. 4. N. N. Kalitin: Concerning maximum values of solar radiation intensities. S. 305—307; W. Stockmann: A theory of equatorial countes-currents in the ocean. S. 309—312. — No. 6. V. L. Ginsburg: On solar radiation in the radio-spectrum. S. 487—490. — **53.** No. 1. J. D. Kalinin: Potential geomagnetic secular variation in the USSR. S. 29—32; Megrelishvili: Electrocolorimetry of the twilight sky. S. 123—126. — N. N. Kalitin: Relation between the supply of solar and scattered radiation under different climatic conditions. S. 205—207. — W. W. Shouleįkin: Precise deduction of the equation of thermobaric waves in the atmosphere. S. 209—212. — No. 5. M. S. Eigenson: Secular variation of solar activity and its geophysical effects. S. 409—411; E. L. Feinberg: On the nature of barometric and temperature effects of cosmic rays. S. 417—420; V. P. Zenkovich: The process of bottom drifting. S. 421—423. — No. 6. W. B. Stockmann: A tentative indirect determination of the velocity of trade winds in the equatorial part of the Pacific. S. 515—518. — No. 7. M. I. Budyko and M. I. Judin: Conditions of thermal equilibrium in the atm. S. 607—610; V. A. Kazinsky: On the division of the earth's gravitation field into zones. S. 611—613. — No. 8. J. I. Alpert: On the anisotropy effect of the ionosphere. S. 699—702; I. I. Romantzov and I. H. Khovostikov: Tropopause photographing in polarized light. S. 703—705; I. P. Smirnow: Searchlight investigation as a method for studying atm. stratification. S. 707—709.

Herausgeber und Chefredakteur: Prof. Dr. Süring, Meteorologisches Zentralobservatorium Potsdam . Verlag: Deutscher Zentralverlag GmbH., Berlin C 2, Breite Straße 37. (Leitung: Alfred Hülsenbeck, Berlin), Telefon: 429237/38 · Postscheckkonto: Berlin 14678 · Erscheint monatlich einmal · Bezugspreis: Einzelheft Mk. 4,—, Vierteljahresabonnement Mk. 12,—, zuzüglich Zustellgebühr · In Postzeitungsliste eingetragen . Bestellungen über die Postämter, den Buchhandel oder beim Verlag Anzeigenannahme: DEWAG Deutsche Werbe- und Anzeigen GmbH., Berlin-Charlottenburg 4, Bismarckstr. 33, Fernsprecher: 32 16 38 und 32 46 28, Telegrammadresse: Dewaganzeigen Berlin . Druck: (150) — Max Lipfert, Berlin NO 55, Prenzlauer Allee 36
Veröffentlicht unter der Lizenz-Nr. 77 der Sowjetischen Militär-Administration in Deutschland

FSC
www.fsc.org
MIX
Papier | Fördert
gute Waldnutzung
FSC® C083411

Zeitfracht Medien GmbH
Ferdinand-Jühlke-Straße 7
99095 Erfurt, Deutschland
produktsicherheit@kolibri360.de